絵とき 土木計画

粟津清蔵 監修

宮田隆弘・渡辺 淳・岡 武久・琢磨雅人・藤田昌士 共著

改訂3版

Ohmsha

編集委員会

はじめに

　社会が少子高齢時代に入り，心の豊かさがより重視されるようになってきた．まちづくり（地域づくり）にあっては，美観的，機能的に優れていることはもとより，人々が愛着をもてるような，夢のあるまちづくりが望まれている．

　今，土木の意図する生活空間の役割がこれまで以上に問われている．

　土木計画学は，土木ということが何かということを総合的に理解するため，自然のうえに成り立っている土木全体のことを知ることのできる教科となっている．

　私たちは，土木技術を一つの文化として捉え，先人が長い歳月をかけて，いつくしみ醸成した文化にふれ，その中からさまざまな教訓を得ようとしている．古来，その時代を反映する土木事業（開発計画から事業に関係した技術者も含めて）を取り上げ，土木史の今日的意義を考えてみよう．

　技術の進歩は，古きをたずね新しきを知るという"温故知新"の精神で発展し，国土基盤を構築する技術も歴史的な経過に着目することに重きがおかれるようになった．

　戦後，高度成長期に至るまでの社会基盤施設は，機能性・効率性を重視しながら量的拡大を図る中で，工業生産の増大に努めてきた時代であった．

　しかし，経済成長速度もピークに達した頃（1970年代）から，人々は今日の繁栄が，公害や自然破壊の大きな代償のうえに咲いた生活文化であることに気づきはじめた．同時に，人々の価値観は，土木施設にも美しい国土にふさわしく，後世においても誇りをもてるような質の高いものを求めるようになった．

　今日では，環境と自然に対するシビックデザインが重視され，快適な環境を育む街並や水辺の景観など，アメニティの回復をめざした社会基盤施設の構築への時代へと移ってきた．

　私たちの豊かな生活は，限りある自然の恵みである資源・エネルギーによって支えられている．人と自然，人と環境の共生できるエコポリスの形成のためには，省資源，省エネルギーをどのように進めていくか，その方策にかかっている．

　1970 年代前後の高度成長期を中心に整備された道路やダムをはじめとする社会資本は，年々老朽化が進んでおり，更新の時期を迎えている．それゆえ，構造物の特性に応じた計画的な維持管理が必要になってきた．しかし，リニューアルには，財政上からも，地域生活からも短期のメンテナンスが困難である．そのうえ，地球環境問題という観点から，工事に伴う環境への負荷にも配慮する必要がある．今後の土木事業にとって大きな課題である．

　災害に備えて，被害を最小限にとどめるためにも，ハード面の防災施設やそのシステム整備とともにソフト面からの避難訓練や防災教育の重要性も強調されるところである．

　なかでも，現在の先端技術を結集して観測にあたっている災害予知について，すみやかに末端の人々に伝えられるシステムと，即座に対応できる態勢づくりが急がれる．

　大震災の教訓は，近年の大地震の中でも 1995 年 1 月の兵庫県南部地震において，マグニチュード 7.3 規模の直下型地震が発生し，また，2011 年 3 月の東北地方太平洋沖地震において，マグニチュード 9.0 規模の海溝型地震の襲来により多くの犠牲者を出したことである．

　「事前復興」なる言葉がある．災害に対する事前の準備を怠ることなく，減災に心掛け，一方で発災後の復興対策の手順を明確にし，あらかじめ目指すべき「地域像」を描いておき，速やかな復興ができるようにする．

　また，地震動を体感すれば地震・津波警報から，いち早く率先避難者（率先して避難・誘導を指揮する人）として救命活動に努めてもらいたい．

　土木計画学は，環境・防災をはじめとする多岐にわたる課題に応えていくために，社会・経済計画をも含む広い視野をもってものを考えていくことのできる技術者の育成を目指している．

　終わりになりましたが，本書の発刊に終始ご指導いただき，ご尽力くださった監修の日本大学粟津清蔵名誉教授ならびにオーム社編集局の皆さんに謹んで感謝の意を表する次第である．

　2022 年 9 月

　　　　　　　　　　　　　　　　　　　　　　　　　著者らしるす

目　次

3章　数理的計画論

4章　交　　通

7章　都市計画

8章　環境保全

1章

土木の歴史

　土木は私たちの生活の基本を支える社会基盤を整え，明るく豊かな社会づくりに貢献するものである．

　自然災害国であるわが国の土木技術は，この災害を防ぎ，災害から復旧する事業の中で育ってきたし，これからも確実に遭遇する巨大な自然災害に対応する重要な役割を担っている．

　私たちはまず，先人が積み重ねてきた歴史と貴重な体験を通して，新しい時代へ歩み出すための素材を確認しなければならない．

　時は今，未曽有のコロナ禍に直面しており，あるいはまた，前人未踏の AI（人工知能）時代の到来を迎えている．そのため，「新しい生活様式」を支え導く社会インフラの整備が求められるようになった．

　私たち土木技術者は，人類とともにある土木をよく理解し，つねに前向きに学び，自信と誇りをもって，後世に遺すべき社会基盤整備の構築のために努力を続けようではないか．

荒川旧岩渕水門（赤水門），1924（大正 13）年，
青山士 設計

岩渕水門（青水門），1982（昭和 57）年

両水門が連動して，隅田川への流量調節と舟運の航路確保の役割を担っている．

1
人類史とともに育った土木技術

人間はピラミッドの時代から
石を積み上げてきた.
丸亀城石垣. 1602年築城

文明の誕生

　　　四大文明を育んだ黄河周辺, インダス・ガンジス川流域, チグリス・ユーフラテス川流域やナイル川のデルタ地帯のほか, アフリカや南米, 中央ユーラシアにも文明が展開した.

　これらの古代文明は, やがて物, 情報を交換するつながり（ネットワーク）をもつ大きなまとまった世界をつくりあげていった.

　そこでは多くの物・技術・宗教や文化がネットワークを通じて伝播し, 人々の生活に影響を与えることとなった.

文明のイメージ

　　　わが国の国土に固有の地形と気象条件のもとに, 私たちは基礎（下部構造）をつくっていくしかない. そこで, がっちりした強固な土台をつくれば, しっかりした上部構造ができる. この上部・下部をひっくるめたものが**文明**である[1]（**図1・1**）. そして, **下部構造**（infrastructure, インフラと略称する）をつくるのが土木の仕事になる. このような土台づくりが土木であるが, 一般の人々にはなかなか気づいてもらえない. これからは, 土木が担っている（文明の基礎である）下部構造について, 市民参加で考える姿勢を皆で共有していく, という意識づくりが大切である.

　このことを改めて認識しておくことが, 良い国土をつくっていくことにつながるのである.

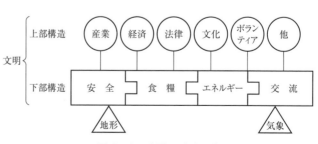

図1・1　文明のイメージ

今，改めて文明を考える

福沢諭吉は『文明論之概略』の中で，「文明とは人の身を安楽にして，心を高尚にするをいうなり．衣食を豊かにして，人品を貴くするをいうなり」と述べている[2]．つまり，物質的豊かさとともに，精神的な高まりが大きな要素になると指摘している．

人間は確かにすばらしい文明をつくり上げ，それを享受してきた．しかし今，原子力発電や遺伝子操作などさまざまな難しい問題を抱えて，根底から考えるべきときがきている．それは専門的な領域であれ，専門家はその内容をやさしく説き，市民はその知識や情報を最低限もたなければならない．そのうえで，市民がdecision making（判断・決定）に参加する時代が到来したということである．

歴史を動かした土木

図1・1で示した上部構造（人間社会を構成する統治や経済の機構，文化等）と下部構造（土木によって改良された国土や，改良のための造営物等）は，互いに影響を与えあって切り離すことはできない．上部構造の移り変わりは歴史そのものであるから，歴史と土木は切り離せない．したがって世界の大きな流れにおいて，土木が重要な役割を果たしてきたのである．歴史から土木を問い直すことがつねに求められている．

土木に携わる者が良いインフラを築くためには，法や慣習，経済，文化などについて一般教養としての理解と，それに裏打ちされた自問と洞察のプロセスが必要なのである．

大震災やコロナ禍が突きつけるもの

2011（平成23）年3月の東日本大震災が，わが国に大惨事の爪痕を残し，2020（令和2）年初頭から未曽有のコロナウイルスによる感染症がまん延した．これらの災禍により，人間の住まい方，都市と地方の関係，人・もの・情報の流通などを今後どのように構築していくかについて根源的な変革を迫る大きな課題が突きつけられた．

現実をみつめた強固なインフラづくりを

私たちは眼を大きく見開いて，現存する下部構造を見据えながら，さらに強固なものに改変していかなければならない．ここで，地震力に対する免震構造があるように，インフラもまた柔軟性のある対応を考える時期がきている．

ともあれ，現実の世界を直視し，人間の叡知をもって後世に残すべきインフラづくりに努めなければならない．

2
土木が目指すもの

土木とは何か

　橋・トンネル・ダムなどの土木構造物をつくり，これらの構造物が連結した交通・エネルギー・都市・防災などの施設をつくる．さらに，それらの施設を有機的に結びつける国土計画・都市計画・地域計画を実施することが土木の事業となる．これらの施設は社会基盤（インフラ）と呼ばれ，私たちの生活や産業にとって，その根幹に位置するものである．

図1・2　バリアフリー工事中の
JR御茶ノ水駅

　土木は"衣食住"にかかわるすべてにつながっている．そのため，人々の生活様式の変化とともに，新しい領域が広がっていくのである．しかし，その基本的位置づけは「土木は，国民が安寧に暮らせるための総合技術である」ことに変わりはない．

わが国のインフラ整備の現状

　わが国では，先人が構想し実現してきたインフラが，これまで生活の向上や産業の発展に大きく寄与してきた．しかし，これから30年先の具体的なインフラ計画を持ち合わせていないようだ．それは，元来インフラの水準自体がその国の国力を規定するという世界の常識を日本人が忘れ去っているからではないか．

　現状は，産業基盤整備の立ち遅れのうえ，老朽インフラの割合が急増し，多くの自治体で，人口減少と財政難でインフラ維持が困難になってきている．

　今こそインフラの役割を，長期的に永続するストック効果の観点から見直さなければならない．インフラは「あるのが当り前」，「瑕疵がなくて当然」と見られるように「水道」のような存在であるが，インフラの整備が，①国際産業競争力の強化，②地方活性化への貢献，③防災・減災対策の重視に関わる最重要テーマであることを，再認識する必要がある．

▍土木が目指すもの

新しい生活様式に即応した土木の領域を考える上で，まずあるべき土木の姿を確認しておかなければならない．

目指したい土木の姿とは

①**目的論として**——安寧な暮らしと活気ある地域の公共学．

②**体系論として**——社会資本政策を支える科学技術・哲学．

③**方法論として**——人類の存命，社会経済活動の維持・発展の基盤形成．

これらを成すためには，社会・経済（暮らし・産業活動・文化）と土木との関係をとらえなおし，新領域を組み入れ活用しなければならない．

新たな領域として，公共経済，コミュニティ・ソーシャルキャピタル，行財政，土地制度，プロジェクト論，IoT（Internet of Things：ネットによるサービス）の連携など．

現状はどうか

現在の土木工学の体系

- インフラ施設の構想・計画・設計・建設・維持管理・更新の科学的基礎．
- 学問分野：水理学，鋼構造学，土質力学，地盤工学，コンクリート工学，土木計画学，土木史，景観工学，土木デザインなど．

問題点

土木についての社会の認知が弱い．

- 狭いイメージ
  土と木，土木施設（道路，橋，ダムなど）の建設．
- 悪いイメージ
  環境破壊，巨額の投資，談合，3K．

土木に求められるもの

①未来は自ら描いて，それを実現しようという気概が大切．

②土木領域拡大の必然性の認識．

③AI やロボットなどの新技術への対応力．

④多様な人材の登用，つまり学際性が必要．

⑤社会との対話・コミュニケーション力の涵養．

⑥土木技術者により「土木の必要性」そのものを説明・周知する発信力．

*上記は，石田東生「目指したい安寧の公共学と課題認識」[3]をもとにまとめたものである．

3

土木探訪
──私の方法

土木を身近に　土木は私たちの“衣食住”のすべてにかかわる根幹の技術である．鉄やコンクリートもなく，建設機械も動力ポンプもない時代に，その土地がどうやって守られてきたのか．飲み水や農業用水をどうやって得ていたのか．そこに蓄えられた先人の知恵を探り，それらがいかに身近なものかを感じとってみたい．

身体全体で土木をとらえる　戸外に出て目に入る構造物は，建築物でなければ，ほとんどすべてが「土木」の成果である．まず実物を見て，それにかかわるさまざまな話を聞いて，可能ならばその素材に触れて，身体全体で確かめてみよう．そのとき，何かを感じるはずだ．これはなぜここにつくられたのだろうか？　一体これは誰がつくったのだろうか？　当初の目的どおりの機能を今も果たしているのだろうか？　など，多くの疑問が湧き上がってくるだろう．

　見て，聞いて，考える．そこにひらめきを感じれば，もっと深く知りたくなるだろう．そして，地域の歴史を物語っている遺構を再認識して，個性ある地域づくりに役立てることを考えてみる．また，その土木遺産を見て，これをつくり上げた土木技術者の喜びと苦しみを歴史の彼方に思いをはせてみよう．そこに立ち現れてくる人物についても関心が出てくるだろう．

土木探訪の旅へ出発　目標を定めて，まずパソコンや携帯・スマホで土木探訪のツーリングマップをつくるところから始めよう．土木技術の先輩たちは，疑問に思ったことは他の現場へ足を運び，自分の眼で確かめたり写真を撮ったりして研究を重ねたものだ．自分のスタイルは自分で定めよう．

> 私の土木探訪
> 備讃瀬戸大橋を
> 探る

瀬戸大橋の岡山側に，瀬戸内海を見晴らす鷲羽山という公園がある．そこから瀬戸大橋ルートの全貌をとらえてみよう．それから列車や車で瀬戸内海の多島海の美しい景観を眺めながら，約10分間のツーリングを楽しむ．そして，坂出市番の州の瀬戸大橋記念館を見学．館内では，この巨大プロジェクトが着工するまでの歴史や工事中のさまざまな仕掛け，作業工程などを模型や視聴覚器材によって詳しく知ることができる．外部展示場では，メインケーブルの実物大のピースや，実際に海中で使用された作業機械がたくさん展示されている．頭上からは瀬戸大橋線の列車が通過する音が響き，前方に連なる長大吊り橋や斜張橋などの橋梁群を眺めると，この世紀のプロジェクトの感動が湧き上がってくるようだ．

この瀬戸大橋は，もちろん大勢の人々の力によってでき上がったものであるが，ドラマ『愛ありて夢ありてこそ――瀬戸大橋物語』の主人公・**杉田秀夫**という一人の土木技術者の姿がクローズアップされてくる．彼はこの工事現場の所長であり，このプロジェクトのキーパーソンの一人であった．

巨大吊り橋の主塔は，ケーソンの上に立つ．彼は何回も何回も海底に潜り，ケーソンが座る海底岩盤の状況をしっかりと自分の眼で確かめた．仕事一筋に情熱を燃やす土木屋魂が胸に響く．さらに技術の真髄に迫るなら，彼の著書『長大橋を支える海中土木技術』[4]を読んでみるといい．

過去の巨大プロジェクトを調べていると，そのリーダーとなる人物が知力・体力・気力を全開させてその事業に打ち込んだからこそ完遂できたということがわかる．

過去の人物に直接出会うことはできないので，伝記や小説やドラマなどを丹念に読み，フィクションを通して真実に迫るという手法を身につけよう．

図1・3　瀬戸大橋記念館の外部展示場

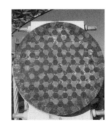

図1・4　メインケーブルの実物模型

4

これからの土木を考える

新型コロナウイルス感染症の猛威により，全世界がパンデミックに陥り，わが国においても産業構造の変化がもたらされ，私たちの生活，働き方あるいは意識の面でも大きな変化が起こっている．これらの変化がインフラに与える影響，また変化に対応したインフラの今後のあり方が重要な課題となってきた．

コロナ禍による外出抑制は，自宅でのテレワークや EC（電子商取引）が余暇を創出し，QOL（Quality of Life）の向上をうながす一面もあった．一方で，リアルなコミュニケーションや実体験への人々の欲求も高まっている．

さらに自然と共生したライフスタイルへのニーズは高く，身近な河川・里山などの空間活用を進めることで，自然環境と共生した住環境の形成が求められる．

変化に対応

道路や鉄道，駅，公園などの社会インフラについても，都市活動やリスクをモニタリングし，人々の行動変容，ニーズに柔軟に対応できる「マルチユース」（多機能活用）の仕組みづくりを考えなければならない．さらに変化に対応する最大の課題は，社会インフラ・公共サービスの DX（Digital transformation）の推進である．特に AI の進化は，人間の意識や社会のあり方に大変革をもたらす可能性があり，その動向を注視する必要がある．

土木技術者には，慣習や固定観念にとらわれることなく，新たな社会インフラのあり方を思い描き，それを実現させる，いわば前例のないものへの果敢な挑戦が必要となる．

図1・5 わが国初の遠隔型
自動走行車両「ZEN drive」
（提供：福井県永平寺町）

インフラづくりを
担うという誇り

公共事業は本来「未来を創る事業」,「夢を実現する仕事」である. 1960 年代, 人々は新幹線や高速道路に夢を見てきた. ところが, 今は夢見るような事業が見当たらない時代であるといわれている. 果たしてそうだろうか. 夢を見ることを忘れているのではないだろうか.

　先にインフラは普通の生活を守ることが基本にあると述べたが, 日常性の文化の向上に着目したい. ありのままの生活文化の一歩前進である. 文化こそ富と人をひきつける力である. それが生活文化の総合表現としての新しい都市や国土づくりになると考えられる. その技術表現が後世に残すべき社会基盤整備となり, 土木技術者の使命を感じるところになる.

人材が
未来をつくる

歴史を読みなおす中で強く感じることは, 人材が大事だということである. これまでに優れた事業が完遂できたのは, 信念をもって立ち向かい. 努力を惜しまなかった優れた人物がいたということである.

　地方の時代を切り拓いた**野中兼山**, 宝暦治水の**平田靱負**, 台湾の嘉南平野で神様とあがめられている**八田與一**など, 輝かしい業績を残した先人は枚挙にいとまがない.

　「土木は目に見えないものを, 目に見えるものにする. その過程で, 君たちの情熱, 魂を入れ込むことができるすばらしい仕事だよ」と, 土木の先輩方は土木讃歌を語っている.

　知識は総合されたときに, 初めてその力を発揮するものである. しかも, 土木工学は総合工学なのである. 若きエンジニアよ, 後世に残すべき遺産とは何かをきっちりと己の胸に問いただしてほしい.

図 1・6　野中兼山
（高知・帰全山公園の
銅像）

図 1・7　平田靱負
（三重・桑名市海蔵寺）

図 1・8　八田與一胸像
（花園小学校）
（提供：金沢ふるさと偉人館）

5

大王たちの土木と
新都の土木

飛鳥の石舞台古墳

稲作の到来と農村の誕生

稲が中国江南から九州へもたらされたのは，紀元前2～3世紀の頃．河川の川べりに水稲がたどり着いた．水稲は低湿地を好む．しかし，実りをよくするためには排水が必要となる．人々は稲のつくれるところを選び，稲作は次第に微高地へ移動し，排水路を設けて田圃をつくった．こうして何本もの排水路が並ぶ．これが日本の川沿い，排水路沿い**農村集落の誕生**である．

古代国家のあゆみ

集落の規模は次第に大きくなり，集落連合体が小さな国へと発展していった．3世紀には邪馬台国ができ，5世紀には大和政権が中九州から関東に及ぶ地域の豪族をしたがえるようになった．しかし，豪族間の争いが続き，新しい世界をつくるための国際的な関係を背景にした血生臭い権力闘争の時代でもあった．

　一方，その時代，その場所の権力者が，もてる権力を集中してつくった大土木事業が現れた．また，国家の繁栄を主目的とした公共的な土木工事も重要であった．

大王たちの土木

大量の労働力を使いうる組織の成立は，農業の生産を高め，生産の向上は組織を強化させた．これを象徴するのが**古墳**である．

図1・9　高松塚古墳

　3世紀末～4世紀頃，北九州から近畿地方に，小山のように築かれた大きな墓がつくられた．この古墳は，強大な力をもった豪族を葬るために各地に築かれ，5世紀頃には仁徳陵などの巨大な前方後円墳もつくられた．

新都の土木事業

6世紀頃の国家権力の集中された時期，大和盆地全体が新しい形での日本の中心とみる動きがあった．大和の国を南北に貫いて，下ツ道，ついで中ツ道，上ツ道の古道がつくられ，そのうち下つ道はもっとも中心であった．

645（大化元）年，大化の改新．新政権は中大兄皇子が引き継いだ．新政権の政策として，①新首都の建設，②国府の建設，③条里制の施行がある．

土木事業はこれらに集中された．中国の都城制にならって"都"がつくられたのは，**藤原京**が最初である．難波京や大津宮で充実がはかられ，やがて平城京が営まれるというのが大きな流れであり，計画的都市の誕生となる．飛鳥・藤原は古代日本の宮都と遺跡群として，世界遺産「暫定リスト」に記載されている．

図1・10　飛鳥川

平城京造営

8世紀初め，藤原京から**平城京**に遷都．平城京は唐の長安にならったもので，京内は条坊制で整然と区画され，中央の朱雀大路の東西に官営の市が設けられ，大いににぎわった．

この時代，産業の面では各地で鉱山の開発が進み，鉄製農具が普及し，灌漑施設の充実もあって耕地が拡大し，生産は増加した．

図1・11　飛鳥寺

図1・12　藤原京跡

図1・13　平城京跡・朱雀門

図1・14　大仏殿

6
大陸技術の導入と
聖たちの土木

**人々を
救うのが仏教**

仏教伝来以来，日本人の心の糧となり続けてきた大乗仏教．生きとし生けるものの救いを願うその雄大なスケールの教えは，やがて多くの僧侶を民衆の中で民衆とともに人々の困難を除くための社会事業に向かわせた．彼らは仏の教えを説きながら，民衆に役立つ福祉や社会事業を行い，あるいは道をつくり，橋をかけ，池をなおすという土木工事を行った．

図1・15　飛鳥大仏
（日本でつくられた
最古の仏像，
高さ約3mの金銅仏）

**坊さんが
土木技術者だった**

例えば**道登**．入唐し修行を積んだ道登は，大陸で学んだ土木技術を活かして，宇治川に初めてしっかりとした橋をかけた．646（大化2）年のことである．

　道昭もまた唐の新しい知識をもとに，淀川に山崎橋をかけ，あるいは井戸を掘り，船着き場をつくった．

　彼の弟子の**行基**は，当時の官僧が民衆の救済よりも国家へ奉仕するのに満足せず，進んで民間に出て救済事業や教化にあたった．そのため人々は彼を敬い，慕って協力したといわれている．**狭山池**をはじめ，彼の指導によって掘られた池や築かれた堤，樋などきわめて多い．また全国的に活動した成果をもとにわが国で最初の日本地図（**行基図**）をつくったりもした．晩年は天皇の命を受けて，**東大寺大仏殿**の建立に尽力し，民衆からは行基菩薩とあがめられた[5)6)]．

　その後，入宋3回の修行を積んだ名僧・**重源**が，東大寺再建や魚住・大輪田の両泊の修築，狭山池改修など高度な土木工事を行った．

弘法大師・空海の活躍

空海は万能の天才で，超人間的能力の持ち主として広く日本人に尊敬されてきた．確かに空海は日本を代表する僧侶であるとともに，優れた書家，文章の達人として，また教育者，土木技術者としても多くの業績を残している．

空海が**満濃池**をつくったという話は，多くの人が知っているだろう．実は，満濃池は国守によってすでにつくられていたが，818（弘仁 9）年に壊れて以後なかなかなおらなかった．そこで空海が土木監督の役を命ぜられ，821（弘仁 12）年に短期間でこの池を修復したといわれている．

その翌年，奈良の益田池の改修を行い，また 828（天長 5）年に**大輪田 泊**を整備した．ここは先に行基がつくり，重源が改修した船所（港）であったが，それをさらによく整えた．

弘法大師・空海の人気は高く，空海の遺徳を偲んで霊跡八十八か所を巡拝する，いわゆる**四国遍路**が江戸時代に発達した．この巡礼の習俗は現在も受け継がれ，早春の菜の花や桃の花が咲く頃になると，白衣のお遍路さんの姿が四国の風物詩となる．

市聖・空也そして念仏踊りの一遍

若い頃から全国を巡り，道路や橋の工事にかかわってきた**空也**は，東北地方にまでその活動を続けた．**一遍上人**もまた，念仏を唱えながら諸国をまわって，道や崖をなおし，人々の苦しみを除こうと民衆とともに土木の仕事を進めていった．

上述した有名な聖たちだけでなく，昔の坊さんは土木技術にたけていた人が多かった．特に，朝鮮から渡来した僧によって，優れた土木技術がもたらされた例が多い．

図 1・16　満濃池

図 1・17　お遍路さん

7

千年の都の誕生 ——平安京

大プロジェクト 平安京へ

古代日本の燃え上がった活力が巨大な平城京をつくり，大仏殿を建立した．

そして，平城京ができて 70 余年．国家の性格も，国土の範囲もかなりはっきりしてきた．桓武天皇の時代，関東地方を開発し，東北地方までも統一した日本国をつくろうという発展のエネルギーがみなぎっていた．このパワーが，平安京遷都に向けて結集されていく．**平安京**はそんな古代の大プロジェクトであった．

平安京の建設

この平安京造営の大土木事業は 13 ～ 14 年

◻ は今の京都の市街

図 1・18 平安京

を要し，宮殿造営には雇夫 2 万人，葛野川修復に 1 万余人など，莫大な労力と費用がつぎ込まれた．この都市計画は長安を模したもので，新都市の中央には幅 90 m の朱雀大路が走り，街路もよく整備され，官営の市が左右に開かれ，都大路には飾りつけの牛車がゆったりと歩む．794（延暦 13）年に遷都が完了．古代国家の到達点としての都城・平安京である．

こうして外面的には，当時としては世界的にも水準の高い文化都市が築かれたのである．当時，平安京の人口は 20 万人程度であったと推定されている．ちなみに，長安の都は約 100 万人であった．

注目すべきは，大内裏（だいり）の役所に勤める修理職役人用の諸司厨町（しょしくりやまち）があった点である．これは土木技術職の人たちの住宅街であった．そうした諸司厨町が中世の座の源流になり，周辺には商売の町が広がっていった[7]．

平安京遷都は奈良の寺院勢力の抑制にあったが，都城と仏教のかかわり方がここでもまた違った形で現れてきた．王城守護と国家意識である．羅城門の上には兜跋毘沙門天像が安置され，新京の真ん中に東寺・西寺が建立された．

平安京のおもかげ

現在，**東寺**が昔の場所に残り（毘沙門天像も東寺にある），堀川も最初の土木工事の名残として，平安京の面影をしのばせている[8]．

図 1・19　東寺・五重塔

図 1・20　東寺，金堂

七道の建設

当時，都から地方へ向けての**七道**が建設された．まず，山城・大和・摂津・河内・和泉の五か国を五畿内とし，そこから東へは東海道・東山道・北陸道の三道が，西には山陽道・山陰道・南海道・西海道の四道が確立された．現在の地方別ではなく，近畿を中心にして放射状に「道」を形成していた．このことは，古代国家が中央集権を目指していたことを示している．

図 1・21　堀川標示石と石垣史蹟

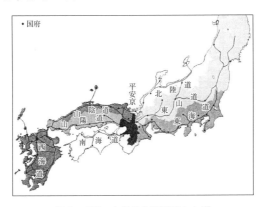
図 1・22　古代の主要道路と七道

8

激動期の土木

今帰仁城趾（13世紀沖縄）

平氏から源氏へ　9～12世紀は律令国家が完成し，やがて次の戦乱に満ちた時代へとつながっていく．

　平清盛が太政大臣となった頃（1167〈仁安2〉年）から，**源頼朝**が鎌倉に幕府を開いた頃（1192〈建久3〉年）にかけて，しばらくの間は土木事業が盛んに行われた．しかし，それは本格化することなく，日本統治は地方分散し，交通網はほとんど閉ざされた状態で，商品流通も低調であった．その理由は，財政の悪化や大飢饉の発生，さらに荘園の拡大によって国家の統制力が弱まったからである．

図1・23　**音戸の瀬戸**（平清盛がばく大な費用と労力を使って，200日余りで音戸の瀬戸を開いた．その幅員73 m，現在も航行に用いられている）

図1・24　平清盛・日招きの像（清盛が沈む夕陽を扇で招き上げ，工事を早めたといわれる）

寛喜の大飢饉　中世最大規模の飢饉が起こり，日本中が未曾有の飢餓にあえいでいた．まず，1214（建保2）年に大飢饉があった．その後，それ以上の**寛喜の飢饉**が起こる．

　1230（寛喜2）年6月9日，美濃・信濃・武蔵国に6 cm～1 mの雪が降る．鎌倉幕府の執権・北条泰時は，「これからどうなるかと身の毛がよだつ」と記している（『吾妻鏡』）．7月16日（今でいえば8月下旬），「日本中，冬のごとき大寒」（『明月記』）．8月8日と9月8日は台風襲来．冷害に台風の被害が重なり，穀物に大被害が出る．そのため北陸・四国・九州から「餓死者，数を知らず」との報

告があった．ところが，11月下旬，今度は一転して超暖冬．桜が咲き，筍や麦が芽を出す．12月18日，セミが鳴く．これほど無茶苦茶な異常気象であった[9]．

こうして日本中が意気消沈して立ち上がる間もなく，今度は**蒙古襲来**となった．

蒙古襲来(元寇)

なぜ元（モンゴル）は東海の小島，日本へ大軍を送ってきたのだろうか？　1274（文永11）年，突如，元が大軍を率いて九州博多を襲ってきた．マルコポーロによって伝えられたジパングの金を目当てに，日本の服属を求めてやってきたのだ．彼らは"てつほう"と呼ば

図1・25　防塁史跡(今津海岸)

れる火器を使い，また集団戦法を用いて，これに慣れない日本軍を悩ました．たまたま夜になって，強い風雨が元軍の船団を襲ったので，ようやく難を逃れることができた．鎌倉幕府は，これに対して博多湾沿岸に**防塁**を築いた．

その高さは，1.8〜3 m，幅1.8〜2.4 m，延長20 kmに及ぶ大規模なものである．

元は1281(弘安4)年再び襲った

博多湾を埋めた軍船の群れ．続々と上陸してくる異国の兵士たちの鬨の声．ところが，今回はだいぶ状況が変わっていた．防塁のためである．当時は，「石築地」と呼んだ．

日が暮れると，小舟に乗った日本軍が夜戦をしかけた．そして，再度の暴風雨にあって，またもや彼らは壊滅的な損害を受けたのであった．実は，彼らの船は，高麗や南宋の人々が元軍の命令で無理やりつくらされたものであった．そのあたりの事情は，井上靖の『風濤』に詳しい[10]．ぜひ読んでほしいと思う．

図1・26　元寇・弘安の役で元軍を退けた台風と防塁

9
戦国時代は土木の時代

長い間，大がかりな土木建設事業は停滞していたが，15 世紀末の村落共同体による治水事業から，再び公共事業が活発に行われるようになった．

土木の時代の復活

昔から大河川下流の平野は，泥湿地帯で手つかずであった．時は戦国時代．戦国大名は合戦に明け暮れていたのではない．領地の安定と拡大を図るため治水で大河川を抑え，その中・下流域を耕地化しようと丈夫な堤防を築き，河川の氾濫から村落を守る工事を推し進めた．

この築堤によって農地が確保され，**新田開発**が盛んになった．また，河道を定められた河川は水深が深くなり，**舟運**が可能になった．これが早く進んだのが濃尾平野であり，そして，豊かな土地を得て兵力を養ったのが**織田信長**である．

プロ集団を抱えた織田信長

信長のすごいところは，プロ集団の活用であった．例えば，石積みの高度な技術をもつ**穴太 衆**，巨大な城郭を建てる寺大工の集団などで，その技術の集大成としてできたのが**安土城**である（1576〈天正 4〉年）．この築城のドラマを題材に，穴太の石工頭や大工棟梁が七重御殿づくりの天守という前代未聞の建築に挑んで悪戦苦闘する姿を精緻に描いた小説がある．山本兼一著『火天の城』である[11]．こうしたフィクションを通して，「石の心」「木の心」の深さを感じ取ることも技術者にとって大事なことではないだろうか．ともあれ，信長の天下取りの大本は，土木建設事業であったといえる．

さらに信長は，南蛮貿易を積極的に導入し，支配地で楽市楽座を試みるなど，時代の先をいく新政策を次々と実施した．そして，戦国武士の土木技術を駆使して海辺の城・**石山本願寺**（後の大坂城）を拠点として，きたるべき近代の都市発展を進めようと夢みていた．

海外交易で巨利を得た者もいる. 角倉了以(すみのくらりょうい)の活躍

角倉船で知られた海の開拓者で, 海外交易の先駆者のひとりである**了以**は, 1554(天文23)年, 京都に生まれた. 彼は若い頃から土木技術を好んでおり, とりわけ彼の野心は海外雄飛にあったようだ[12].

時代はまさに戦国の真っ最中. 秀吉が全国を統一すると, ようやく機が熟してきた. 1592(文禄元)年, 秀吉の朱印状をもらって, 安南(ベトナム)交易を始めた.

その後, 了以は, 息子**素庵**(そあん)に交易を任せて, 自身は河川開発事業に乗り出した. 京都の**大堰川**(おおい)や, 富士川, 天竜川の航路開削, また, **高瀬川**の開削にあたった. この運河は, 以来長い間, 水運に利用された.

治水の武将信玄

戦国時代, 武将たちの土木の時代が始まった.
とりわけ, 全国各地で治水技術は飛躍的に発展した.

各地域ごとに, まず内政を固め, 人心をとらえ統一しなければならず, そのためには洪水から人々を守り, 農業生産を安定させなければならなかったからである.

この時代を代表する治水の武将は, **武田信玄**(1521〜1576年)であった.

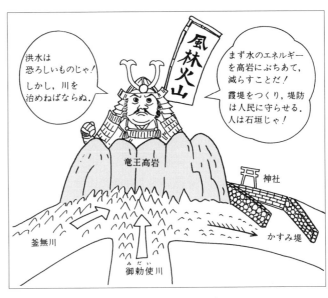

図1・27 信玄の治水

彼の治水の方法は, 自然の理にかなった徹底的な手法を総合的に行ったことである. しかも, 民心にかなう政策を施し, 当時の材料を巧みに利用する, 実に優れた治水家であった[13].

コラム①

戦国城下町の興亡

一乗谷の唐門
（秀吉が菩提を弔うために
建てたといわれている）

越前一乗谷

一向一揆が加賀国を支配していた頃，越前の戦国大名・朝倉家は，一乗谷に居館を構え，戦国城下町をつくっていた．東西の尾根がゆるく垂れ下がってできた細長い盆地の真ん中を一乗谷川が流れている．その川は，足羽川にそそぐ支川である．そこには，山城や当主の館，大小の武家屋敷，町屋，寺院や大規模な庭園もつくられていた．さらに水運を利用し，物資が運べるようにもなっていた．

1471（文明3）年，初代・**朝倉敏景**が，地形を見極めて，いつどこから攻めてきても城戸を閉めれば入り込めないような天嶮を利用した見事な要塞をつくった．事実この谷は，100年近い一揆との抗争があっても，一人の敵も入れたことがなかった．

越前京都

朝倉家の家訓の中に，「一国の城は，朝倉家の館（一乗谷）にすること．勢力ある者はみな一乗谷に住まわせ，その領地には代官を置くこと」とある[14]．これは，朝倉家一族に権力を集中するためである．こうして，朝倉家は5代**義景**に至るまでの約100年間，越前の平和を保ち，越前京都と呼ばれる一乗谷文化をつくり上げてきたのであった．

織田信長の進攻

その頃，信長は将軍・足利義昭の権威を笠にきて，執権気取りになっていた．信長は将軍のご機嫌をとり馳走するため，義景に京へ上るよう指示した．義景は無論断った．なぜなら，信長ごときは家格からして卑しいたかが成り上がりだと思っていたからである[15]．

図1・28　朝倉義景像
（所蔵：心月寺，
写真提供：福井市立
郷土歴史博物館）

　これに対し，信長の反応は速かった．「朝倉を討つ」と瞬時に決断し，行動に移った．信長は金ヶ崎城を落とし，木の芽峠を越えて攻め入ろうとした．しかし，その矢先，盟友のはずの北近江の浅井長政が，背後から挟撃の軍を差し向けたとの知らせに，命からがら逃げ帰った．ところが，義景は追撃しなかった．もし，ただちに追撃していれば，信長を討ち取っていたかもしれない．これにより朝倉軍は勝機を逃し，その後，攻守さまざまな情況の末，義景は自刃して朝倉家は殲滅．一乗谷は灰燼に帰した（1573〈天亀4〉年）．敗因の一つは，長い平和のうちに芽生えた内部からの謀反に抗せなかったことであろう．

　……筆者がこの地を訪れたとき，すでに秋深い山肌は紅葉して，一乗谷川のすすきが秋風になびき，兵どもの夢の跡を苔むした石仏群が静かに見守っていた．

図1・29　朝倉館遺構

図1・30　復元された武家屋敷群

図1・31　古びた石地蔵
（武将たちの鎮魂の風音が聞こえる）

土木の歴史　国土計画　数理的計画論　交通　治水　利水　都市計画　環境保全　防災

21

10

大坂の発達 近世の城づくり と土木

は、しんど。

近世大坂の状況

大坂という地名は，**蓮如**が現在の大阪城の地に大坂御坊を建立した時（1496〈明応 5〉年）に初めて使われた．その当時，大坂は四天王寺門前町や天満宮を中心に大川べりにあった港町（渡辺津）が繁栄していた．大坂御坊は，一向宗の寺院である本願寺を核にした町であり，本願寺の周りに 6 つの町が取り巻き，その全体を土塁と堀で囲む**寺内町**であった．

　その後，石山合戦や本能寺の変といった歴史のドラマが展開し，織田信長の跡を継いだ**豊臣秀吉**が大土木事業をさらに徹底して推し進めていった．

豊臣秀吉が つくった大坂

1583（天正 11）年，**大坂城**の築城とともに城下町を建設．大坂城から四天王寺門前町や渡辺津に向かって町を建設したり，平野環濠都市など近在の町から人々を呼び寄せたり，豊臣政権を支える都市としての計画的な都市構造であった．

図 1・32　大阪城

　秀吉の権力拡大とともに，城も町も拡大していき，家臣団も大名クラスから足軽に至るまで大坂に集住した．広大な武家地が必要となり，船場にも城下町を建設し，天下一の城下町となる．こうして近世の城は，軍事上だけでなく，政治経済の中心にもなった．とりわけ大坂城は，規模の大きさと技術的水準の高さで群を抜き，まさに築城技術の集大成というべき巨城の誕生である．

普請とは土木工事

城づくりは，**普請**（土木工事）と**作事**（建築工事）からなる．**城普請**といえば，土居，石垣，堀，櫓台，道路などを造成する土木工事であり，このうち最も多くの労働力と高度な技術を要す

るのが石垣工事であった．この石垣師のうち，当時「穴太衆(あのうしゅう)」と呼ばれた技能集団が有名であった．

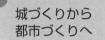

力学をもとに優美な勾配

石積みの技術は，「一鉱(かね)，二隅，三合場」が大事だといわれる．石垣の隅角部(ぐうかく)では，長方形の石を交互に積み上げた算木積みが用いられ．垂直方向の勾配では，連続するカーブ面に対して，石垣にくさびを打ち込むように石がほぼ直角に積まれている．水平方向にも内部へ軽く弧を描く「平の透(ひらす)き」と呼ばれる工法が用いられている[16]．いずれも力学的意味をもつ石垣美をつくり上げている．

図1・33 大坂城の蛸石

城づくりから都市づくりへ

堀の見事さも大坂城の特色である．城づくりは堀づくりともいわれ，水を管理する技術が欠かせない．大坂城築城の経験が，安治川の開削や大和川の付け替えに活かされ，都心部の繁栄と新田開発をもたらした．すなわち大坂城づくりが大坂の都市創造と連動していた．

図1・34 石垣が弧を描く「平の透き」

瀬戸内海の築城の隆盛

この時代，西国の大動脈である瀬戸内海の沿岸でも築城が隆盛して，石材の加工技術や構築技術が著しく発達した．瀬戸内海を望む大名の居城は，高松城や丸亀城，今治城，伊予松山城がある．中でも，丸亀城は石垣の美しさで名高い．

図1・35 高松城

図1・36 丸亀城

図1・37 今治城

図1・38 伊予松山城

土木の歴史 | 国土計画 | 数理的計画論 | 交通 | 治水 | 利水 | 都市計画 | 環境保全 | 防災

コラム②

4つの橋物語

擬宝珠に刻まれた母の銘文
（日本女性三銘文の一つ）

| 母の願いが
こめられた橋 |

　　　　　　　関東・奥州を除く日本国内を手中に納めた豊臣秀吉は，天下統一を目指して小田原の北条氏政を討つために，1590（天正18）年3月，京を発って小田原へ向かった．

　この小田原合戦に，尾張国熱田の堀尾金助という青年もかり出された．彼は初陣であったが，もともと体が弱く，梅雨時の陣中にいる間に病気になって，武運つたなく18歳の命ははかなくも消え去った．やがて，金助の骨壺は母親のもとへと帰った．

　金助の母は，かねて予期したこととはいえ，悲しみに暮れて，ただわが子の後生を弔うばかりであった．しかし，思いなおして，息子の不幸な短い人生と，その母の愛情のかかわりを世間の人々にも記憶してもらうようなことがしたいと願うようになった．

　折しも，姥堂川にかかっている橋がだいぶ傷んでいるのを見て，これを修築したら諸人の助けともなり，また金助の菩提を弔うことにもかなうであろうと考えた．そこで，息子のために蓄財を投げ出して，橋のかけ替えを行ったのである（1591〈天正19〉年）．これが熱田の**裁断橋**である[17]．

　欄干の擬宝珠には，「……母の身には落涙ともなり即身成仏し給へ．後の世のまた後までも，この書付けを見る人は念仏申し給へや」と仮名書きで，切々と胸に響く母の情が刻まれている．

　この裁断橋は，名古屋の熱田神宮に近い旧東海道の伝馬町筋に縮小復元されて，今もひっそりと残っている．

図1・39　現在の裁断橋

秘境の風情漂う 祖谷のかずら橋

吉野川支流の祖谷川の谷は奥深く，平家の落人伝説で有名である．この地は，平家の入山以前にも集落があった．そこで，日常生活の他に，原木探しや木工製品の流通，さらには政治的交流など，広く物や人の移動のための橋が必須のものとなった．

そこで，山中に自生する葛を編み，縄状にして吊り橋を架ける「**かずら橋**」が工夫された．これが吊り橋の原型である．

図 1・40　かずら橋

大胆な弧を描く 錦帯橋

海外の石造アーチの歴史は古いが，木造アーチ橋の例はない．ところが強固で精巧，しかも美しい五連の反り橋がある．300 年以上にわたりその姿を伝える岩国の**錦帯橋**である．

この橋の基礎部には，近江の石工・穴太衆の築城技術もかかわっているという．斬新な発想を実現するためにも，伝統技術の継承が大切なのである．

図 1・41　錦帯橋

神様が渡る鞘橋

金刀比羅宮のある琴平町内を流れる金倉川にかかる屋根葺の木橋．江戸元禄年間，内町一ノ橋のところに建設されたが，洪水により幾度も流出した．そのたびに架け替え工事が行われ，現在のものは 1869（明治 2）年に竣工し，その後，現在地に移築され，神事専用の橋として使用されている．

この橋は両岸より組み出しの構造で，端から端まで差し渡される部材（主桁）は 1 本もない．主部材は縦方向に太い木栓を貫入して途中でつないでいる．武骨な構造ながら迫力を感じる．

図 1・42　鞘橋

図 1・43　迫力のある主桁構造

11

17世紀は大開発の時代

その頃ヨーロッパ
も土木の時代

　　　16世紀末から17世紀にかけて，ヨーロッパでは国王が強大な権力で国家を統一するようになった．イギリスのエリザベス1世やフランスのルイ14世に代表される．これらの国家は，宗教も経済もすべてを支配し，それ以後，技術は国家のために仕えることになった．この時代，飛躍的な科学の発展も，土木技術と密接な関係がある．その頃，きら星のごとく現れた統一国家の技術者たちの活躍は，目をみはるばかりであった．

なぜ大開発時代
になったのか

　　　わが国の17世紀も，まさに土木事業に明け暮れた大開発時代となった．この爆発的な大開発を可能にした条件は何だろうか．

　第一に，天下統一による太平の天下になったことである．第二に，戦乱の終結により諸藩が年貢を増やすために耕地を広げることに力を入れたこと．つまり，領主権力による計画的な開発が行われるようになった．そして，領主以外に豪商

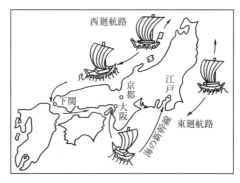

図1・44　海の新幹線

や町人，村方による開発も行われたのである．第三には，それまでの戦のための鉄生産や職人編成が，開発や治水に積極的に利用されるようになったことである．

| 都市建設ブーム 城下町の整備 |

まず城下町を中心とした都市開発の時代が始まった．1590〈天正18〉年，徳川家康が江戸に入府した．当時の江戸は海浜の淋しい漁村で太田道灌がつくった小さな城はあったが，現在の皇居近くの日比谷公園あたりまで海が入り込み，それより東と南は人馬も船も通りにくい葦原であった．

そこで家康は，その泥湿地を「一里（4km）四方」埋め立てた．江戸城の周囲の丘陵地には，大名屋敷を置き，その外側には旗本屋敷などを並べた．その間に寺社を配し，町人地は舟運が使える平川沿いや城東の低地に設けた．低湿地の排水のため，堀を掘り，その土を盛土にして土地造成が行われた．最初にできた道三堀の舟運により，その両岸付近に町人地が誕生したが，その住居はごく狭い範囲に密集していた．江戸府内の面積のうち武家屋敷が6割，寺社が2割，残り2割が町人地であった．江戸の都市人口は次第に増えて，最大時には140万人を数えたというから，都会の人口密度の濃さが想像できる．こうしてまたたく間に，江戸は近世城下町に変貌していった．

| 川あさり十右衛門 出世物語 |

この時代を象徴する一つのエピソードを紹介しよう．司馬遼太郎の「川あさり十右衛門」の話である[18]．その頃，江戸へ出て一旗あげようと夢みる若者たちがぞくぞくと集まってきた．その一人が伊勢からやってきた十右衛門である．彼は江戸の普請場に雇われて，土石の運搬をやっていたが，なかなかうまくいかない．しかし，ふとしたヒントを得て，川や浜辺で町民が捨てた瓜やナスなど残菜を拾い集めて，漬物に仕込んで行商をはじめた．これが当たって面白いほどもうかった．そのうち普請場で人夫頭と材木商を始めた．折しも有名な振袖火事が起こり江戸の町は灰燼に帰した．

十右衛門はこのときとばかり，木曽へ急行して材木を買い占めた．後からやってきた江戸の商人は，彼の言い値で買うしかなかった．さらに江戸の大名屋敷や大店の建築を請負い，たちまち大富豪となった．その後，抜け目のない処世術によって，歴史に残る巨人，土木事業家・河村瑞賢となったのである．

12

全国新田開発総覧・代表的な土木事業

全国新田開発の土木事業

〈凡例〉

1000〜2999

3000〜4999

5000 町以上

大堰川

1605	角倉了以
	大堰川開削
1611	高瀬川開削
1669	穴太衆　日吉三橋

1607　松江城
1636　斐伊川改修

1616　鳥取水道

錦帯橋

1604　石井重右ェ門
　　　筑後川改修

1636　長崎出島

1673　錦帯橋

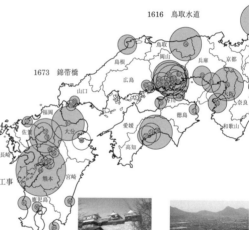

1603　加藤清正
　　　白川の河川工事

松山城

讃岐のため池

手結港

1655　野中兼山　手結港
1661　野中兼山　津呂港
1678　野中兼山　室津港

野中兼山　河戸堰

丸亀城

丸亀城石垣

1608　姫路城
1614　赤穂水道

1618　児島湾をつくる
1669　百間川改修
1686　荒手改造
1686　後楽園

1641　丸亀城
1642　松山城
1644　高松水道

角倉了以像

1605　芝原上水
1607　福井水道

1605　富山水道

1632　辰巳用水

1625　青森港開港

1601　貞山堀開削
1623　川村孫兵衛
　　　北上川改修

1601　伊達政宗
　　　青葉城築造

伊達政宗像

日光杉並木街道

1626　日光杉並木街道

石田堤

1603　徳川家康が江戸幕府を開く
　　　江戸日本橋
1611　江戸城
1616　神田川開削
1619　菱垣廻船始まる
1620　平川の流路を隅田川へ付替え
1621　利根川流路変更
1629　伊奈忠治
　　　荒川・利根川で大河川工事
1657　岡堰，豊田堰
1659　隅田川の大川橋
1662　野火止用水
1680　両国橋改修

神田川

1620　徳川秀忠　大阪城再築
1684　川村瑞軒
　　　淀川下流改修
1704　大和川付替え

1610　名古屋城
1623　裁断橋改築

1607　駿府水道
1607　富士川航路
1670　箱根用水

大阪城

裁断橋

箱根用水

江戸城内濠

日本全国
土木の花ざかり

　上図は，それぞれの地域の新田開発面積を円の大きさによって示したものである[19]．この時代の大開発のエネルギーが感じられるであろう．また用水普請や，その他の大土木事業の代表的なものを地域ごとに記した．

コラム③

地方の時代を拓いた野中兼山
—— 土佐の土木事業の祖

野中兼山の像

野中兼山という男[20)21)]

野中兼山は4歳で父と死別し，母と京・堺を転住して極貧に耐えていたが，幼少時から俊秀の誉れ高く，12歳で高知藩家老の養子に迎えられ土佐に帰った．若くして家老職を継ぎ，儒学・藩政・土木技術の各方面で活躍した．

兼山の気性は激しく，理想を追う強い意欲と見識があり，土木関連の活動歴は，①新田の開発，②測量図の作成，③港の建設など多数である．

当時の技術では，米の生産を上げるには新田開発によるほかなかった．兼山は物部川・仁淀川・四万十川・松田川の流域に自ら率先して堰をつくり，用水路を開削し，耕地を拓いた．その実績は37疎水，新田開発が7千町歩を超えている．

兼山の工法は，仁淀川の場合，鎌田堰と八田堰を本川に建設して水位を上げ，そこから疎水を導いた．また物部川水系の舟入川により浦戸湾に結ばれる内陸水運網をつくりあげた．

兼山は，陸の孤島の土佐をいかにして大阪・江戸に直結させるかを考えて柏島港建設や，浦戸湾入り口の浚渫の他，手結・室津・津呂の各港を次々と整備した．これは堀込み港湾といわれる独特のものであった．兼山自ら太平洋の荒波と岩盤に立ち向かったのである．

兼山の精力的な活動によって，藩財政は好転したが，彼の活躍を妬む政敵の弾劾を受けて失脚した．

婉という女[22)]

兼山失脚後，野中家の一門は宿毛へ流され，厳重な監視下に罪人として監禁された．婉は兼山の娘である．流罪にあったとき，4歳であった．彼女は父・兼山を敬慕して，独身のままその数奇な一生を胸を張って生き抜いた．彼女の生涯を土佐出身の女流作家・大原富枝は名作『婉という女』に描いている．

> **野中兼山の
> 土木事業**

兼山の残した業績は数多くあるが堰築造，新田開発，港湾などの主な土木事業を下図に示す．

本山

吉野川

大原富枝文学館
小説『婉という女』が書かれるまでの資料・原稿がある．

高知城

物部川

高知

山田堰

仁淀川

舟入川

浦戸港

手結港

舟入川

須崎

津呂港

八田堰

鎌田堰

四万十川

後川
麻生堰
中村

松田川

浦戸湾

河戸堰

宿毛

柏島港

沖の島

麻生堰（後川）

手結港（夜須町）
手結内港は，承応元年（1652 年）わが国初の本格的な堀込港として完成した．

野中兼山功績碑

河戸堰（松田川）
河戸堰は新たに改修された．（右端が工事中の新堰）松田川には，河戸堰より上流に，糸流し工法による堰があり，美しい水流が見られる．

四ヶ村溝の水車
麻生堰による分水で安並・佐岡・古津賀・秋田の四ヶ村をかんがいした．
この溝から水田に水を汲み上げるため沢山の水車が設置された．

兼山の墓（高知県筆山）

13

濃尾の暴れ川を制す
——世紀の土木工事・
宝暦治水

木曽三川と輪中

広大な濃尾平野は，木曽三川のもたらす肥沃な土地であったが，一旦洪水に見舞われると，錯綜した川筋が乱れて手の施しようがなかった．この地の住民は輪中をつくり自己防衛を図ったが，水の猛威にはそれも空しく，度重なる災禍を被った．幕府はそれを受けて，幾度かのお手伝い普請による治水事業を行ってきたが，いずれも十分なものではなかった．

そこで，今度は薩摩藩に白羽の矢が立てられた．城中での議論の末，家老の**平田靱負**は自ら総奉行として約 1 000 名の藩士を率いて，はるか遠国の木曽三川へ乗り込んだ．時に 1754（宝暦 4）年のことである．

**大工事と
その結果**

工事の設計や指導監督はすべて幕府側が仕切り，その労力と資金をことごとく薩摩藩に押しつけてきた．工事は想像を絶する難工事であった．複雑に流れる川の要所に手を加えて，分水のための堤防を築き，あるいは水流調整のための洗堰をつくる．補修ではなく，もっと根本的な川の流れの更改である．これらは水中に潜って作業しなければならない場合もあり，難渋をきわめた．そのうえ，薩摩側に対して横柄な態度をとる監督や現地作業員の不服従などで，薩摩武士の勘忍袋の緒が切れて自刃する者が続出した．

13 か月後，工事は終わった．これまでの犠牲者数 94 名．工事費用は当初予算を大幅に超えていた．工事の成果をまとめ上げた平田は，多くを語らずすべての責任を取って自刃した．享年 52 歳．これが**宝暦治水**の悲劇である[23]~[27]．この工事が薩摩藩に与えた衝撃は大きく，やがて討幕の原動力となって幕末へと歴史を動かしていく．現在の木曽三川は，この宝暦治水の上にある．この時代の技術が受け継がれて，近代土木においてより徹底した河川改修がなされたのである．

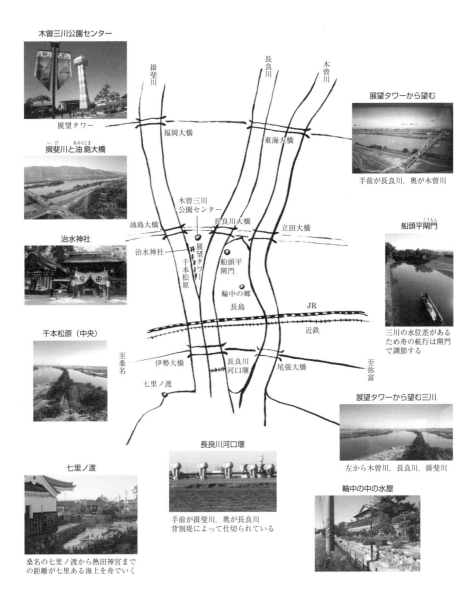

木曽三川 ツーリングマップ

木曽三川公園センター

展望タワー

揖斐川と油島大橋

治水神社

千本松原（中央）

七里ノ渡

桑名の七里ノ渡から熱田神宮まで
の距離が七里ある海上を舟でいく

長良川河口堰

手前が揖斐川，奥が長良川
背割堤によって仕切られている

展望タワーから望む

手前が長良川，奥が木曽川

船頭平閘門

三川の水位差がある
ため舟の航行は閘門
で調節する

展望タワーから望む三川

左から木曽川，長良川，揖斐川

輪中の中の水屋

揖斐川
福岡大橋
長良川
木曽川
東海大橋
木曽三川公園センター
油島大橋
長良川大橋
立田大橋
治水神社
展望タワー
千本松原
船頭平閘門
輪中の郷
長島
JR
近鉄
至桑名
伊勢大橋
長良川河口堰
尾張大橋
至弥富
七里ノ渡

14
都市の繁栄

都市のにぎわい　幕府や藩は年貢米を売って貨幣に換え，その貨幣で必要なものを買い入れた．そのため城下町には，その売り買いにあたる多くの商人が住むようになった．とりわけ大坂は，諸藩がここに蔵屋敷を設けて年貢米などを運び入れ，また全国各地の産物も送られてきたので，商業の中心地となり，「天下の台所」といわれた．

最大の城下町である江戸は，18 世紀はじめに人口が 100 万人を超えたが，その半数は武士とその家族や奉公人であった．古くから発達してきた京都は，西陣織など高級絹織物や工芸品で栄えた．この江戸・大坂・京都を**三都**と呼んだ．

交通網の整備　陸上交通については，全国統治の必要上早くから整備が進められていたが，参勤交代や商品流通が活発になるにつれ，他の交通・通信手段もととのえられていった．

東海道・中山道（なかせんどう）・甲州道中・日光道中・奥州道中の**五街道**は，いずれも江戸の日本橋を起点とした主要な街道である[28]．街道には一里塚が設けられ，2〜3 里ごとにある宿場（宿駅）において，宿泊などの便宜をはかった．

遠くへ大量の物資を運ぶには，船が用いられた．大坂から

西廻り海運
酒田から日本海，瀬戸内海経由で大阪に至る航路．

日本海

東廻り海運
酒田から津軽海峡，太平洋経由で江戸に至る航路．

南海路
菱垣（ひがき）廻船，樽廻船などが輸送を担った．

太平洋

陸路では，主要幹線道路の五街道とその枝道が全国を覆った．

図 1・45　江戸時代の交通網

図1・46　現在の日本橋

図1・47　日本橋の道路元標

大消費都市の江戸へ物資を運ぶ**菱垣廻船**（ひがきかいせん）や**樽廻船**（たる）が，両地を盛んに往復した．また東北・北陸地方の米が，西廻り航路や東廻り航路で大坂や江戸へ運ばれた．そのため，港町や宿場町・門前町も栄えた．

水路の変化　江戸の仙台堀

江戸の発展とともに，神田川もその流れが変わり続けた．その大本は，神田山を切り崩して川を通した**仙台堀**である．これは現在のJR水道橋駅から御茶ノ水駅までの線路に沿った区間で，仙台藩によって築かれた．人力で一つの山を崩してしまう大工事であった．この神田川を運ばれた材木によって，江戸の町の普請が行われたのである[29]．

図1・48　現在の神田川

江戸の水道

すでに17世紀には**玉川上水**や**野火止用水・神田上水**などが完成しており，巨大な人口を支える給水の受け皿ができていた．こうした水道工事や水利技術がない限り，都市生活は成り立たない．しかし，火事と喧嘩は江戸の花といわれたほどに江戸は大火災が多発していた．しかも，上水井戸から水を桶（おけ）に汲んで火元にかけるのが消化作業だったため，大火災になると無力であった．そのため火消組による延焼防止の破壊消防に頼らざるをえなかった．

図1・49　玉川上水（武蔵小金井・貫井橋付近）法面（のり）の崩壊を防ぐため高木を伐採するなど，整備作業を行なっている

こんぴら街道の
道中灯籠

コラム④

江戸の旅

| こんぴら参りの流行 |

お伊勢参りやこんぴら参り
は，庶民にとって一生に一度の
願いであった．

図 1・50　虎ノ門の
金刀比羅宮

こんぴら参りの金刀比羅宮は，讃岐の象頭山の中腹に
ある．この神社は古くからあったが，こんぴら信仰が高
まってきたのは，16世紀の海の時代の頃からだといわれ
ている．海外との交易が活発になり，航海の神として篤
く信仰されてきた．

近世になって分霊をまつった金毘羅大権現が江戸の虎之門に建立（1660〈万治
3〉年）されてから，関東を中心に金毘羅講が生まれ，参詣者が多くなった[30]．

| 金毘羅船，押し寄せる |

全国からの参詣者は，まず大坂に出た．大坂はこんぴ
ら参りの客を泊める「こんぴら宿」が軒並みに続いてい
た．乗り合いの船は「讃州金毘羅船」などとのぼりを立
てて，ひっきりなしに港を出入りした．「金毘羅大権現の繁盛は，遠近を問わず老
若男女を問わず日ごとに詰めかけて，そのお恵みは諸国に行き渡った」という．

当時，その船は大坂―丸亀間を3〜5日で渡り，船賃は1人5匁（米1斗分）
であった[31]．

| 庶民の旅 |

庶民の旅は寺社の参詣に名を借りてはいるが，物見遊
山の旅，すなわち快楽の旅が多かった．あちこちに寄り
道をしながら旅を楽しんでいたに違いない．小林一茶の句に「おんひらひら　蝶
も金毘羅参りかな」と，旅人ののんびりとゆったりとした心がうたわれている．

こんぴら
旧丸亀街道を行く
——土木めぐり

浜街道

さぬき浜街道

丸亀港

新堀

至高松

太助灯籠

みなと公園

JR予讃線

至松山

丸亀市役所

新堀

中府大鳥居

丸亀城

国道11号

土器川

丸亀城

一里屋の灯籠

田村池

宝輪寺池

宝輪寺池
戦国時代，讃岐最古の寺，宝輪寺
焼失，その跡地をため池とした

すぐこんぴら道と
刻まれている

神野神社

神野神社

一里屋

与北茶堂跡

買田池
御供田のための
ため池

如意山

買田池

上池

金倉川

金刀比羅宮
本殿

石段
785段

高灯籠

琴平駅

ことひら

鞘橋

高松琴平電気鉄道

至高松

榎井
えない

大鳥居

至高知

土木の歴史　国土計画　数理的計画論　交通　治水　利水　都市計画　環境保全　防災

15
希望がつくり出した近代国家

黒船と開国

アジアの諸地域を次々に植民地化していた欧米諸国は，ついに日本にも押し寄せてきた．幕府は黒船の圧力に屈して通商条約を結び，横浜・神戸など5港を貿易港として開くことにした．こうして鎖国は終わった．

安定から進歩へ

明治維新政府は，江戸時代の安定を唯一至上の正義とする発想を捨て，物財を豊富にする進歩と勤勉が正義であるとする発想へと大転換を図った．**文明開化**である．そして，それを実現するために，大規模なインフラ整備が急ピッチで進められた．

これを堺屋太一氏は，「厭厭開国」から「好き好き開国」へ，と表現したのが面白い[32]．

テリガラフ（電信）の開通

まず，電信が始まった．当時ほとんどの日本人は電信といっても，何をするものかわからないからいろいろな流言がとんだ．キリシタンの邪法と思われ，電柱が倒され，電線が切断されたりした．しかし，1868（明治元）年に早くもイギリスから技師を招き，東京—横浜間に**電信**が開通．その後，急速に広がった．

郵便についても，飛脚を廃止し，1873（明治6）年には全国一律切手貼りの制度を設けた．電信と郵便は文明開化を全国に伝えるうえで大きな役割を果たした．

図1・51 テリガラフ（電信）開通
（提供：電子博物館みゆネットふじさわ）

近代化の象徴 ——鉄道

この時代，欧米では鉄道ブームであった．そこで各国がわが国へ鉄道建設の権利を得ようと押しかけてきた．しかし，政府は外国勢に許可せず，政府自ら行うことを決意して，資金をイギリスに求め，建設から営業・運転に至るまでイギリス人の指導を受けて事業を進めることになった．しかし，鉄道についての一般の認識は皆無であったため，建設反対の世論が強く，測量から建設に至るまでには苦労が多かった．

図 1・52　「汽笛一声新橋を〜」を記念して蒸気機関車が展示されている新橋駅北口

　1872（明治 5）年，わが国最初の**鉄道**（新橋―横浜 29 km）が開通した．その後，鉄道の建設は嵐の勢いで進行した．

橋梁と トンネル技術

鉄道建設において橋梁が必要となるが，当初の木造単桁から木造トラスへ，さらに錬鉄製トラス，鋼製橋へと変化していった．

　一方トンネルについては，1878 年着工の**逢坂山トンネル**（665 m）で，初めて山岳をくりぬく本格的なトンネルを日本人技術者だけで貫通させた．これにより自信をつけ，外国人技術者は次第に少なくなっていった．

図 1・53　逢坂山トンネル東坑口

鉄道国有化

1889（明治 22）年東海道線が開通した．特筆すべきは民営の日本鉄道会社による高崎線・東北本線の成功である．このように当初は，官営・民営の両方式によって鉄道敷設が行われていたが，軍事輸送のためには国による一元化が不可欠との強硬論もあり，ついに 1906（明治 39）年に**鉄道国有化**となった．

　ともかく，この時代の空気は文明開化を旗印にして，近代国家の建設に向けて力強く前進しようと国中が希望に満ちていた．

16

維新前の技術と
お雇い外国人の活躍
歴史はある日，突然
はじまることはない！

　ペリーが来航するその日まで，日本は何も知らなかったのではない．そのころ，七つの海を支配するイギリスが，中国をその市場として開いたのが，**アヘン戦争**であった．これは，わが国にとって最も注目すべき大事件であった．アヘン戦争のことは，オランダ船や唐船によって，その情報がもたらされた．幕府は，これらの情報によって，「次は日本ではないだろうか？」という危機感を強めた．アヘン戦争で清国が敗れたという知らせは，庶民にまで大きなショックを与えた．

中国が
アヘン戦争で
敗れたのは？

　儒者，斉藤竹堂はいう[33]．「中華を誇り外国の機械文明の発展に目をくれなかったためだ」と．知識人たちは，それぞれ国力の充実の必要を説いた．日本は重工業を起こす設備をつくらなければならない．しかも，急を要したのである．1861（文久元）年 4 月，近代工場「**長崎製鉄所**」は，オランダの強力な指導によってスタートをきった．2 年数か月後，この造船所を訪れたイギリスの軍医レニーは日記にいう[34]．「……日本蒸気工場を見学．なかなかの広さであった．この世界の果てに，日本人が蒸気機関の製造にあたっているのは，確かに驚異であった」と．その他，薩摩・佐賀・水戸藩などがそれぞれ独自に近代工場の建設に積極的に取り組んでいた．このように，幕末期に近代技術の移植を進めるなど，日本はぎりぎりのところでアジアで最初の大変革の波に乗った．

1885（明治 18）年ごろの長崎造船所
幕府営→官営→払下げのコースをたどった．

図 1・54　長崎製鉄所

> **この工場はその後どうなったか**

維新後，長崎造船所と改称，やがて三菱に払い下げられ（1887〈明治20〉年），太平洋戦争では戦艦武蔵を，戦後はマンモスタンカーをつくり出す大造船所に発展するのである[34]．

> **お雇い外国人の活躍**

わが国の当面の課題は，いかにして産業を起こし，文明の進んだ欧米の資本主義諸国に追いつくかということであった．そこで，「**富国強兵・殖産興業**」のスローガンを掲げて，最短コースを走りはじめたのである．なかでも，技術導入は急を要したので，明治に入ると続々と各方面に外国人技術者が招かれた．

鉄道はイギリス人，河川港湾はオランダ人，教育関係はアメリカ，イギリス人などであった．やがて，当時の日本の外交方針を反映して，イギリスの勢力が技術の分野でも大きくなってきた．

> **お雇い外国人のプロフィル**

W. S. クラーク：アメリカ人（札幌農学校の先生）
「少年よ，大志を抱け！」
農業を中心に，土木学をはじめ，幅広い教育を行った．

C. J. ファン・ドールン：オランダ人
明治初に招かれた土木技術長．初期の治水・港湾・かんがい・砂防などの技術指導者．とくに，安積疏水に功がある．

ローウェンホルスト・ムルデル：オランダ人
治水，運河港湾に努力した．利根運河は彼の手によって成った．

図1・55 現在の利根運河，流山市運河駅付近

J. デ・レーケ：オランダ人
土木技師．日本の河川砂防技術の基礎を築いた．

出典：『絵とき 水理学（改訂4版）』オーム社

E. モレル：イギリス人
新橋―横浜間，神戸―大阪間の鉄道建設に従事した．日本人技術者の育成にも力を尽くした．

H. ダイヤー：イギリス人

来日したとき24歳であったが，彼が航海中に作成した工業教育に関する構想は，そのまま政府に受け入れられたという．技術教育の充実に尽くし，日本工学会をつくるなど功績が大きい．

17
文明開化の夜明け

行けや，海に火輪を転じ……

　19世紀後半，激動する国際社会のなかに，最終電車に乗り遅れまいと日本が主体的に先進諸国へ送りだした**岩倉使節団**．その目的は，欧米の近代文明の吸収と，何よりも新しい国家のグランドデザインを探ることにあった．

　1871（明治4）年11月12日・晴れ，横浜港，「アメリカ号」が出航の時を待っている．総勢110名余りの使命感あふれる一行は，まずはサンフランシスコへ

前途の大業
此挙に在り
行けや海に
火輪を転じ

図1・56　岩倉使節団

と向かった．彼らは，海外から学べるだけのものを学び，自分たちが新しい国づくりを創造したい，との意気込みに燃えていた．

40年しか遅れていない！

　この米欧視察旅行の結論は何か．――日本は遅れている．だが，40年しか遅れていない！　それも，欧米諸国は，産業革命によって発展したのであって，この遅れを取り返すのは，「内を固め，殖産興業を大いに振興し，教育を普及するほかない」というのが，大久保利通らの首脳メンバーのおおかたの結論であった．

京都の危機

　1869（明治2）年，明治政府は東京に天皇を迎え，太政官も移した．それにより千年の都である京都は，衰退の危機にさらされた．このままでは京都は時代に取り残されてしまうという悲壮感を，京都市民は抱くようになった．

図1・57　琵琶湖疏水閘門（大津側）

京都百年の計

　京都府知事，**北垣国道**は，京都の新生を**琵琶湖疏水**開削に託そうと考えた．「琵琶湖から水路を引けば，水の利用と同時に運輸路の問題も一挙に解決する」と．

　国土計画構想の推進者であった大久保利通は，国土開発を進めるため，官費で諸地方の土木事業を行うことを提言していた．その直後，大久保は凶刃に倒れた．彼はオランダ人土木技師，ファン・ドールンが設計した安積疏水の強力な推進者でもあった．大久保のあとを継いだ松方内務卿も北垣の琵琶湖疏水計画に賛成だった．

田辺朔郎の登場

　そのころ，工部大学校生，**田辺朔郎**は疏水計画を卒業論文のテーマにして研究を進めていた．運命の糸は，北垣—田辺を結び，近代土木技術の黎明期を代表する総合開発プロジェクト，琵琶湖疏水事業が，1885（明治18）年着工したのである．

　時代の変革へのエネルギーに燃えた若き土木技術者たちの活躍と業績は，まさに明治の土木事業を象徴する事例であった[35)36)]．

図1・58　青年技師・田辺朔郎の像

京の夢開く

　こうして京都の夢を託した琵琶湖疏水事業が，1890（明治23）年に完成した．この事業は，利水・舟運・発電，それを使った電車や上水道・産業用水など京の都を活性化させる総合プロジェクトであり，日本人技術者だけで実施した画期的な公共事業であった．

　さらにこの事業の成功は京都に希望と進取の気性を与えたのである．

図1・59　京都側隧道

図1・60　インクライン

図1・61　蹴上発電所

土木の歴史｜国土計画｜数理的計画論｜交通｜治水｜利水｜都市計画｜環境保全｜防災

18

日本の産業革命と土木

琵琶湖疏水工事の状況

日本の産業革命

　明治も20年代を過ぎる頃から，生糸をつくる製糸業，綿糸をつくる紡績業，そして織物業を中心とする軽工業の部門で，産業革命が始まった．とくに紡績業の機械化が最も進み，**産業革命の中心**となった．こうして，1897（明治30）年には，綿糸の輸出高が輸入高を超えるに至った．その反面，安価な労働力として農村から送り込まれた女子労働者の汗と涙の重労働の歴史があった．

　重工業は，陸海軍の官営工場を中心として，鉄道，造船の部門で急速に発達をはじめた．

　機関車や軍艦をつくるといっても，もとは鉄鋼である．それまで，鋼材はほとんどを輸入にたよっていたので，官営の製鉄所を建てることが懸案になってきた．

　1901（明治34）年**八幡製鉄所**が操業を開始．

　重工業への展開は，イギリスでは炭坑の開発期―運河時代（1760～1830年）―産業革命期と，これらがぴったりと重なっている．わが国でも，当時のエネルギー源として石炭が主力であったことは重要である．すべての出発は炭坑から，そして鉄道が続く．日本では1872（明治5）年の鉄道開通が有名だが，すでにそれ以前，五陵郭の**榎本武揚**（えのもとたけあき）がフランス人技士の手で，茅沼（かや ぬま）炭坑にトロッコ軌道を採用していた[37]．それもまた，イギリスの鉄道の歴史が，炭坑の手押しトロッコからはじまったのと軌を一にする．

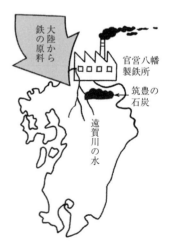

大陸から 鉄の原料

官営八幡製鉄所

筑豊の石炭

遠賀川の水

図1・62　日本初の官営八幡製鉄所

> **そのころ，土木は
> どう変わったか**

　鉄道がわが国の地域社会を根本的に変えたように，この鉄道建設に必要な工法は，土木技術も大きく変えた．機関車の重量化とスピードアップは，長大なトンネルや強固な橋を必要とした．この時代，鉄道が土木の新技術を代表していた．

> **近代土木技術の
> 開花**

　近代化への道程を歩み始めた明治初期から中期は，欧米の産業・文化・技術の導入から独自の発展に至る過程であった．この時期，全国各地で近代土木事業が華々しく行われるようになった．例えば，近江八景で知られる湖南は，1880（明治13）年完成の東海道本線，旧逢坂山トンネル，1890（明治23）年の琵琶湖疏水第一隧道，牧発電所や南郷洗堰など近代土木遺産が多い．

> **琵琶湖の水は
> どこへ行く**

　琵琶湖へ流れ込む川は多いが，流れ出るのは瀬田川だけである．ところが，昔の瀬田川は川幅が狭く，山々から多量の土砂が流れ込んで川床が浅く，流下能力が低かった．そのため琵琶湖の水位が上がると，しばしば湖岸が浸水した．その解決策は瀬田川の浚渫であるが，疎通がよくなれば下流の水害を招くということで強い反対があり，上下流地域の対立を深めていた．

　時は移り1886（明治29）年，旧河川法が成立し，国直轄の治水工事が本格的に進められることになった．その一つが瀬田川を含む淀川改良工事である．計画の中心人物は**沖野忠雄**（1854〜1921年）であった．沖野は流量調節ができる近代的河川施設として**南郷洗堰**を設置して，歴史的な地域対立の解消を図った．建設当時，南郷洗堰は画期的な構造物であると高く評価され，以後約60年間，琵琶湖沿岸および下流大阪の水害防御に大きな役割を果たした．その後，1961（昭和36）年3月，これに代わる瀬田川洗堰が下流約120mのところに建設された[38]．

図1・63　旧南郷洗堰（左岸側史跡）

図1・64　現在の南郷洗堰（瀬田川洗堰）

19

大正〜昭和初期の土木事業
大陸へ進出する
巨大プロジェクト

隅田川の勝鬨橋
（この重量感に
時代のパワーを
感じる）

**第一次世界大戦の
もたらしたもの**

　明治時代における開国以来，わが国の土木技術は急速
な進歩をとげ，国土開発も着実に進み，社会基盤がよう
やく整いはじめてきた．

　1914（大正 3）年，第一次世界大戦勃発．日本も日英同盟を理由に参戦した．
ヨーロッパの列強は，自国の軍事的生産に専念しなければならなくなったため，
わが国に局外者の利益と先勝国の利益を，併せてもたらす結果になった．つまり，
日本は一挙に，近代的な資本主義国家の仲間入りができたのである．そして，産
業界の好況に伴って，電力事業の拡大化が強く望まれるようになった．

飛躍的に発展した水力発電	道路への関心がようやく高まる
　ダム式発電所の建設が盛んになる．戦後の大ダム設建の基礎ができあがる．	1919（大正 8）年**道路法**制定．道路は国家の機関である行政庁が管理するもの．……これが，道路法に流れている思想であった．

大地震が都市計画を推し進める	1923（大正12）年 9 月 1	トンネル技術の進歩	明治時代に主要幹線がで
日，**関東大震災**．この復興事業が都市計画，交通技術などの発展を促すきっかけとなった．後藤新平，関一らの都市政策の実践がある．		きた鉄道は，大正時代に入り，幹線の高度能率化が図られた．その代表例が**丹那トンネル**工事．→日本最長（7 803 m），しかも難工事であった．→関門海底トンネルの技術へ導く．	

異色のドラマを読んでみよう．吉村昭『高熱隧道』（新潮文庫）は黒四ダムができるまでの壮烈な前史である．

図1・65　高熱隧道

Let's try!
『高熱隧道』

岩盤最高温度 162℃，ダイナマイトの自然発火による大惨事，続いて想像できないような「泡雪崩」など，この本に記された黒部川第三発電所建設工事は，人間が自然に挑んだぎりぎりの闘いであった．1936（昭和11）年に着工し，全工区の犠牲者は 300 名を超えた．なぜこの危険な工事が続けられたのか．それは，戦争のための電力需要の要請が背景にあったからである．

大正時代の河川
工事のハイライト
大河津分水

信濃川の**大河津分水**は，越後平野を洪水から守るためのかなめである．ところが，そのための堰が陥没するなど，工事は幾多の困難に直面した．その復旧工事を担当したのが，**青山士**（1880〜1963 年）であった．

1931（昭和6）年に完成し，彼は記念碑に，「万象に天意をさとる者は幸なり．人類のため，国のため」と刻んだ．

30 年代の技術史
をみる眼

維新前後，北海道では各種事業が実験台として実施されてきた．この「北海道の場合に似たようなことは，1930 年代の朝鮮や満州において起こっている．赴戦江，長津江，鴨緑江における相次ぐ巨大なダムと発電所の建設，興南における大アンモニア工場，撫順での大規模な露天掘り，鞍山における新鋭の銑鋼一貫工場等々，30 年代の日本の技術史は，朝鮮や満州での諸事件を除外して語ることはできない」．この星野芳郎氏の指摘は重要である[37]．

外地における
土木事業

では，外地における土木事業はどのようであったか．例えば，**水豊ダム**（堤高 106 m，貯水量 116 億 m³）．これは当時世界第 2 位であった．

さらに重要なものは，中国東北における鉄道建設——**南満州鉄道**（いわゆる**満鉄**）．これが日本の満州経営の中心となっており，満鉄調査部は当時世界最大級のシンクタンクであった．また台湾でも幹線鉄道建設を行った．

図1・66　台湾新竹駅
（現在も利用されている．
新竹は台湾の
シリコンバレー）

1章のまとめの問題

【問題1】 技術の進歩や時代の流れに伴い，新しい課題が現れ，土木の領域はさらに広がっている．新分野の土木について調べてみよう．

解説 DX や AI 技術の土木分野への活用について，最新の技術誌や経済誌などで，その動向を知り，関心を持ち続けることが重要である．

さらに，土木技術者が自らの問題を解決するために必要なだけの「少しのプログラミング力」を身につける意欲をもってほしい．

【問題2】 あなたの身近なところにある土木遺産について，その歴史や技術について調べてみよう．

解説 人の住むところ，そこに歴史が刻まれる．

あなたの住む身近なところにも，さまざまな土木遺産が残されていると思う．ある構造物があれば，それは単独で存在するのではなく，それに関連した施設として，他の構造物が周辺にあるいは帯状に広がっている場合が多い．

自分のツーリングマップを作り，サイクリングツアーによって五感でその技術の歴史を体験してみよう．素材は周辺にいくらでもある．その施設管理者や各自治体などが作成した一般向けのパンフレットは山ほどある．

それらをヒントにして，土木の視点から調べてみよう．

【問題3】 築城は土木技術の源泉でもある．城について，土木の観点から調べてみよう．

解説 石垣には，扉の勾配，透きの勾配，武者落としの直線性など石積みの美学がある．現地で自分の目で見て，その美しさを感じとり，石積みの力学を感得しよう．

城の規模は小さいが石垣の美しい丸亀城（香川県丸亀市）の南西部の石垣が，豪雨により崩落した．復旧工事については，機会があれば現場を見学することも大いに有益であろう．

また，城の周りの濠（堀）の水質浄化についても調べてみよう．

図1・67 石垣修復中の丸亀城

2章

国土計画

　人類は長い歴史の中で叡知と技術を結集して，産業活動と国民生活に必要な社会の基盤を整えてきた．そして文化を育み，文明を築き上げてきたのである．

　わが国も戦後の灰燼（かいじん）の中から立ち上がり，経済大国といわれるまでに成長したが，その一方で，社会資本の整備・蓄積については，なお十分とはいえないのが実情である．したがって，今後長いスパンで考えて，質の高い国土および生活空間づくりの推進が，私たちに課せられた重要な使命であると考えられる．わが国のあるべき未来像を求めて，この国土をどうするのかが問われている．これが国土計画である．

　いかなる計画にも目標がある．ビジョンなくして前進することはできない．国土計画の目標は，歴史を見据えつつ，地球的規模に立った理想国土の建設であろう．今こそ 100 年単位のスパンとスケールに基づいた空間・時間軸を包含したダイナミックな計画が望まれる．

　この章では，わが国の戦後の開発計画がどのような意味をもつかを問い直し，これからの国土計画のビジョンを推考していきたい．

凛として気品ある秀峰，富士山（世界遺産）．
国土のグランドデザインも根底に精神的高尚さがもとめられる．

1 わが国の あるべき未来像 を求めて

国土計画の ビジョンを描く

　2020（令和2）年初頭から新型コロナウイルス感染症（COVID-19）がまん延して，世界中を震撼させている．わが国もその対応に追われ，ややもすると，国土のあるべき未来像を広い視野から熟考し，ダイナミックなビジョンを描くという根元的な視座がなおざりにされているのではないか．

　わが国は今，人口減少，災害の激甚化，インフラメンテナンス，急速な AI 技術の進展，普及への対応など，国土を取り巻く厳しい状況変化に見舞われている．その中で，これからも経済成長を続け，活力ある豊かな国土づくりの方向性を見定めなければならない．

国土に係る 状況の変化

1. 時代の潮流と課題

　①急激な人口減少，少子化と地域的な人口偏在の加速
　②世界に例のない高齢化率の上昇，大都市圏での高齢者人口の増加等
③国際社会の中での競争の激化（わが国の存在感の低下，国際都市間競争の激化）
④巨大災害の切迫，インフラの老朽化
⑤食料・水・エネルギーの制約，地球環境問題
⑥ICT の劇的な進歩，技術革新の進展（課題解決を含め大きな変革を社会にもたらす可能性）

2. 国民の価値感の変化（ライフスタイルの多様化〈経済志向，生活志向〉，共助社会づくりの広がり等）

3. 国土空間の変化（低・未利用地や荒廃農地，必要な施業が行われない森林，空き家などの増加等）

**土木技術者の
これから**

「わが国の高度成長の時代は終わった．今やるべきことは，危急的状況にあるインフラのメンテナンスに注力することである」．昨今，このような内向きの思潮が多いのではなかろうか．土木技術者は，眼前の即効性の高い問題ばかり追い求めるのではなく，明日の世界へと続くさらなる上流へとさかのぼろうとする気概が必要である．遠い将来まで見通した国際政治的な視点から考えても，わが国はアジアの工業地として生きていくしかない．それも利己的でなく世界のために貢献していくという哲学的使命感が必要である．これまでわが国のインフラ分野は，困難と危機を契機に，次の時代を切り拓いてきた歴史と伝統がある．我々は今，地球環境と人類の共生を図るという哲学・理念と使命感を持って活躍するときである．

図2・1　スーパー・メガリージョンの中心，東京駅

**活躍の場を
グローバルに拡大**

経済的な結びつきがグローバルに拡大していく動きを前提とした，国土形成の方向性を以下にまとめた．

① 海外から投資を呼び込む事業環境の整備（交通・情報通信基盤が高度に整備された都心街区，効率化・高度化された物流網，外国人を含む高度人材にとって住みやすい居住環境等）

② アジア・ユーラシアダイナミズムを取り込むゲートウェイ機能の強化と日本海・太平洋2面活用型国土の形成

③ リニア中央新幹線による「スーパー・メガリージョン」形成の構想づくり

④ 将来を見通した，観光立国に対応した国土づくり

⑤ 国内外の対流を通じてイノベーションを生む創造の場としての機能向上（個性を形作る機能や産業等の集積，良質なオフィス空間の形成，知的対流拠点の整備等）

世界中のヒト・モノ・カネ・情報の対流が生じる

日本海側

スーパー・メガリージョンの形成

品川

新大阪　名古屋

太平洋側

図2・2　スーパー・メガリージョンの形成[1]

2

戦後日本の
国土改造プロジェクト

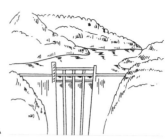

佐久間ダム

国破れて
山河あり…

1945（昭和20）年8月15日，日本の降伏で6年間も続いた第二次世界大戦は終わった．長い戦争の間に国土は荒れはて，工業生産は，戦前の20％に落ちた．平和はよみがえったが，飢えと失業，それに激しいインフレーションが国民生活を襲っていた．

相次ぐ災害

しかも，敗戦直後の混乱期に，大型台風や豪雨，さらに大地震が相次ぎ，大きな被害を受けた．

復興期の国土開発

まず，戦争による壊滅的な打撃からの復興がなにより急がれ，生産力の拡大が一番の課題だった．こうした背景のもとに1950（昭和25）年「国土総合開発法」が成立した．この法律は，国土総合開発計画の策定を目標とする意欲的な内容をもっていたが，戦後復興期（1950〜1954年）に具体化したのは，食料増産，電源開発を主な内容とする「特定地域総合開発計画」だけであった．

具体的なプロジェクトは，

　　①愛知用水事業　②北上川総合開発計画　③佐久間ダム

などである．

産業集中期

四大工業地域を連ねる太平洋ベルト地帯に，コンビナート建設を進めた．その結果，地域格差がひどくなり，取り残された地域に不満が高まった．

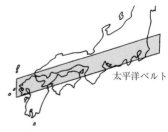

太平洋ベルト

図2・3　太平洋ベルト地帯

2 戦後日本の国土改造プロジェクト

高速の時代

昭和30年代に入って，生産が軌道に乗ってくるにつれて，人や物を運ぶための交通施設（道路・鉄道・空港・港湾など）の建設が重点事業となった．とりわけ，東海道新幹線（1964〈昭和39〉年開通），名神高速道路（1965〈昭和40〉年開通）は，この時代の花形であった．同時にこれらが，日本列島の総合的な交通体系の必要性を考えさせることになった．

図2・4　若戸大橋
1962（昭和37）年
完成当時は東洋一のつり橋

生活様式の変化 モーレツから ビューティフルへ

経済の成長につれて，生活様式も大きく変わった．カラーテレビやクーラーをはじめ家庭生活の電化が進み，自動車や電話が普及し，高校や大学への進学者が増えた．「三種の神器から3Cへ」という言葉がはやった．

図2・5　三種の神器から3Cへ

全総計画

戦後日本の地域開発を考える際に最も基本になるのは，「全国総合開発計画」の流れである．

1962（昭和37）年10月，政府は「**全国総合開発計画**」を決定した．この「全総計画」の目的は，増えすぎた大都市の人口を全国に分散し，地方に住んでいる人々の生活をもっと豊かにすることにあった．

この計画は，高度成長過程において都市の肥大化と地域格差是正を図ることをねらいとして，総花化を避けて効率的な工業配置を実現するため，地域ごとに大規模な開発拠点を設定するという「**拠点開発構想**」を基本的な開発手法として取り上げた．

表2・1　全国総合開発計画[2)]

1.	策定時期 （閣議決定）	1962（昭和37）年10月5日
2.	目標年次	1970（昭和45）年
3.	背景	1. 高度経済成長への移行 2. 過大都市問題，所得格差の拡大 3. 所得倍増計画 　（太平洋ベルト地帯構想）
4.	基本目標	地域間の均衡ある発展
5.	開発方式	拠点開発構想

3

地域開発から国土開発へ

世界の歴史が音を立てて変わり始めるとき，つまり歴史の転換点というものがある．それはヨーロッパの産業革命であり，その母体となった文芸復興や人間復興のルネッサンスが始まったときである．わが国では明治維新や1945（昭和20）年の敗戦が，大きく歴史が転換したときであったといえる．

そのような重大な時期，新時代への序章の年として1968（昭和43）年をとらえる見方がある[3]．情報化時代を反映して，テレビを通して一方が他方に影響し，結果的に共通の「68年問題」といわれる一群の問題が発生する．それが大学改革であり，反公害運動であったと分析されている．

新全総計画

昭和40年代に入ると，高度成長路線が生んださまざまな"ひずみ"の是正に対する国民の関心が強まり，社会開発を進めて産業優先から生活優先への経済の転換を求める声が高まってきた．このため政府は，1969（昭和44）年，「**新全国総合開発計画**」を決定した．

新全総は「地域開発」から「国土開発」へ転換したものであった．

ところが，新全総発足以来，全国で環境破壊や公害が急速に深刻化したため，この問題に対する新全総の配慮の不足が強く指摘されるようになった．

表2・2 新全国総合開発計画

1.	策定時期 （閣議決定）	1969（昭和44）年5月30日
2.	目標年次	1985（昭和60）年
3.	背景	1. 高度経済成長 2. 人口，産業の大都市集中 3. 情報化，国際化，技術革新の進展
4.	基本目標	豊かな環境の創造
5.	開発方式	大規模プロジェクト構想

**疾走した
1960年代**

変化が激しすぎて，自分で自分が見えなくなってしまう．そんな時代が日本の高度経済成長期であった．まさに言葉どおりのモーレツ時代であった．E. H. カーは『歴

史とは何か』の中で「歴史とはつねに現在と過去との間の
つきることのない対話である」と述べている[4].

　私たちは，闇があって光がより輝きを増すことを知って
いる．技術史においては，闇の部分（技術の失敗）と光の
部分（進歩・発展）の両面から解明しなければならない．

図2・6　黒部ダム
1963（昭和38）年
完成

大型工事の影の部分——建設現場のひずみ

　高度成長期の後半，西大阪の低
地帯では防潮施設の整備・強化を
図るため，主要河川に防潮水門方
式による高潮対策事業を実施していた．そのさなか，尻
無川防潮水門工事で事故が起こった．1969（昭和44）年11月25日，ケーソン
が急沈下して作業員多数が地下に閉じ
込められた．懸命の救出活動にもかか
わらず，多くの犠牲者がでた．

図2・7　尻無川防潮水門

　翌1970（昭和45）年4月8日，大
阪市営地下鉄谷町線の建設工事現場で
ガス爆発事故が発生，RC製覆工板が
空に舞い上がった．死者78名，地下埋
設管のガス漏れによる引火爆発であっ
た．

大阪万博

　1970（昭和45）年に開
かれた**大阪万博**では，ハイ
テクを駆使したさまざまなパビリオンがまぶしく輝
き，わが国の繁栄を謳歌した．子供も大人も"月の
石"を食い入るように見つめ，科学技術の進歩に喝
采をおくった．この万博の総合テーマは「人類の進
歩と調和」であった．しかしこのとき，公害と環境
問題はすでに深刻化しつつあった．

図2・8　大阪万博
モーレツ時代の成果として
華々しく開催された

4

地方の時代づくり

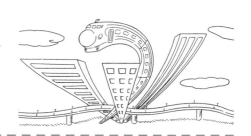

「三全総」へ向けて

「全総計画」以後の高度成長は，とどまるところを知らないほどの勢いであった．しかし，せまい国土の中で公害問題を引き起こした．

公害問題は環境問題へと一般の関心が移行し，工事の大規模化が環境へ与える影響が懸念され，住民運動による公共事業への批判など，建設業をめぐる社会情勢は大きな転機を迎えた．

さらに 1973（昭和 48）年のオイルショックは，わが国の経済に大打撃を与えたと同時に，これまでの開発のあり方に反省をもたらした．当時「せまい日本，そんなに急いでどこへ行く」という言葉がはやった．こうして経済合理性一辺倒から開発の質，生活の質が問われるようになった．

1979（昭和 54）年の第二次オイルショックの頃から，人口の地方定住傾向が進み，人々はゆとり・文化・安全といった国民生活の向上を求めだした．そして，こうした傾向をより確実なものにするための計画が策定された．時代は「三全総」の方向へと向かうのである．

「三全総」とは何か

「**第三次全国総合開発計画**」は，総合的な生活圏整備の立ち遅れを強く認識し，**定住構想**を開発方式として打ち出した．その中では，住民の意思が十分反映されるような新しい生活圏を，全国でおよそ 200 〜 300 の定住圏としてつくり，しかも，その主体は地方公共団体であり，住民の意向を斟酌して定めるものとしていた．

従来の「全総計画」（拠点開発方

表 2・3　第三次全国総合開発計画

1.	策定時期 （閣議決定）	1977（昭和 52）年 11 月 4 日
2.	目標年次	1977 年からおおむね 10 年
3.	背景	1. 安定経済成長 2. 人口，産業の地方分散の兆し 3. 国土資源，エネルギー等の有限性の顕在化
4.	基本目標	人間居住の総合的環境の整備
5.	開発方式	定住構想

式),「新全総計画」(大規模プロジェクト方式)では国がリーダーシップをとったのに対し,ここでは主体が市町村であるという点において,大きく方向転換をしたといえる.

つまり「集中」から「分散」へという発想である.

「分散」の思想はどう展開されたか

人工的につくられた都市の中ですべてを期待することができないという大都市の限界,しかも過疎化していく農村地帯を見殺しにすることもできないことから,都市化の流れを基本的に変えようという動きが出てきた.つまり,人間と自然との関係を根本から論じるときがきたのである.

1978(昭和53)年12月,大平内閣が誕生,「都市には田園のゆとりを,田園に都市の活力を」もたらす国づくりを理念とした**田園都市構想**が打ち出された.具体的展開は,1981年に全国で44のモデル定住圏が設定された.さらに1983(昭和58)年にテクノポリス法が制定された.**テクノポリス**とは,豊かな自然に先端技術産業の活力を導入し,「産」(先端技術産業群),「学」(学術・試験研究機関),「住」(潤いのある快適な生活環境)が調和したまちづくりを目指す構想である.

この時代の土木

オイルショックの深刻な打撃や環境問題の重大化などによって,土木界は試練に立たされることになる.しかし,国民の生活水準の向上は常に求められており,国土利用の均衡を図るという視点に立って,教育・文化・医療などの機能の地域的な適正配置,工業の再配置,幹線交通通信網の整備が一段と進められた.

具体的な巨大土木プロジェクトは次のとおりであった.山陽新幹線新関門トンネル貫通,中央自動車道恵那山トンネル貫通,新東京国際空港(成田)開港,新高瀬川水力発電所(128万kW,揚水発電所)完成,東北・上越新幹線開通,青函トンネル貫通,高速道路が3 555 kmに達し,国土の背骨となる縦貫道がおおむね完成,瀬戸大橋工事の最盛期,関西国際空港着工.

図2・9 神戸ポートアイランド

図2・10 工事中の瀬戸大橋
(1986〈昭和61〉年)

土木の歴史 | 国土計画 | 数理的計画論 | 交 通 | 治 水 | 利 水 | 都市計画 | 環境保全 | 防 災

5

「地方の時代」から「世界の中の日本」へ

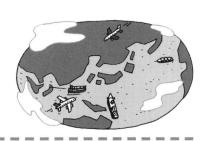

「四全総」の時代へ向けて

　「三全総」が"地方の時代"をうたい，日本の各地方がアイデンティティを競い合って，日本列島は夢とビジョンの花ざかりとなった．しかし，その花もしだいにしぼみ，"地方の時代"という言葉だけが先行して終わった．

　一方，人口移動は再び三大都市圏，特に東京圏への集中が顕著になり，それに加えて国際化や情報化，高齢化の波が急激に打ち寄せ，新しい国土づくりのシナリオは，これまでになく重要性を増してきた．こうして21世紀に向けた国土づくりの指針「**第四次全国総合開発計画**」に沿った新しい変貌の時代を迎えることになる．

「四全総」とは何か

　基本的目標は「安全でうるおいのある国土の上に，特色ある機能を有する多くの極が成立し，特定の地域への人口や諸機能の過度の集中がなく，地域間・国際間で相互に補完・触発しながら交流している多極分散型の国土を形成すること」である．

　雄渾な土木黄金時代を築いてきたこれまでの開発計画も，これからは開発の質が問われるようになってきた．環境問題は自然との共生やアメニティ，景観という質と美を課題とするものに移ってきた．

　さらに「四全総」では，本格的な国際化を迎える中で，国際金融・国際情報などの世界的な中枢都市の一つとして東京を位置づけている．

表2・4　第四次全国総合開発計画

1.	策定時期 （閣議決定）	1987（昭和62）年6月30日
2.	目標年次	おおむね2000（平成12）年
3.	背景	1. 人口，諸機能の東京一極集中 2. 産業構造の急速な変化等により，地方圏での雇用問題の深刻化 3. 本格的国際化の進展
4.	基本目標	多極分散型国土の構築
5.	開発方式	交流ネットワーク構想

図2・11　開通に先立ち，青函トンネル体験ウォークのイベントが行われた（1987〈昭和62〉年8月）

ドラマが語る

1988（昭和65）年は青函トンネルと瀬戸大橋というわが国が世界に誇る巨大プロジェクトが完成した画期的な年であった．

これらのプロジェクトの技術者の息吹を伝える『海峡』という映画や『愛ありて，夢ありてこそ』というドラマもできた．

下津井瀬戸大橋　櫃石島橋　岩黒島橋　　与島橋　北備讃瀬戸大橋　南備讃瀬戸大橋
（吊り橋）　　（斜張橋）（斜張橋）（トラス橋）　（吊り橋）　　（吊り橋）

本州　　　　櫃石島　岩黒島　羽佐島　与島　　三つ子島　　　　四国

図2・12　瀬戸大橋の橋の種類

図2・13　備讃瀬戸大橋

バブル崩壊

1980年代後半から1990年代初めまで続いたバブル経済が一気に崩壊すると，わが国は長い不況の時期に入った．銀行や企業が相次いで倒産し，失業や雇用の問題が深刻な社会問題となった．また，かつてない少子高齢化が進み，子育てや年金・高齢者医療・介護などが大きな問題になってきた．

危機管理と土木

1994（平成6）年は記録的な少雨と猛暑によって，水道の断水や減圧給水が広がり，被害を受けた住民は1300万人を超えたといわれる．中でも四国が厳しい状況にあった．

1995（平成7）年1月17日には，**阪神・淡路大震災**が発生した．この地震は近代都市がいまだかつて経験したことのない激しいものであった．まさに「火宅無常の世界」が，凄惨な姿で私たちの眼前に突き付けられた．

図2・14　阪神淡路大震災（提供：神戸市）

6

21 世紀の国土の グランドデザイン

長良川河口堰運用開始（1995〈平成 7〉年 3 月）

開発の時代は終わった

戦後の国土づくりは，産業開発からしだいに生活関連・都市型社会資本整備に重点を移してきた．1994（平成 6）年には**関西国際空港**が開港，**関西文化学術研究都市**の街開きも行われ，関西の復権を目指す二大プロジェクトが完成した．

一方，地方も遅ればせながら，整備されてきた高速交通網や情報通信網を利用して，「極」としての自立，他の地域との連携に取り組んできた．1995（平成 7）年の阪神・淡路大震災は，日本列島が常に自然災害の危機に直面していることを改めて浮き彫りにし，今後の国土づくりにおいて，防災性の向上や自然との共生といったソフト面の充実が強く求められるようになってきた．

また，アジア各国を視野に入れたアジアの中の日本として，国際交流の増進を図る必要性も高まってきた．

図 2・15　関西国際空港（開港当時）

図 2・16　阪神淡路大震災
（提供：神戸市）

生活基盤整備に重点

こうした内外の情勢が大きく変化していく中で，新しい時代にふさわしい計画とは何かが問われてきた．それは，国民の価値観の変化や時代の流れを踏まえたものでなければならない．

今必要なことは，従来の開発至上主義を見直したうえで，それぞれの地域の多様性を認め，個性を発揮できるような国土の環境を整えることである．

土木の歴史 | 国土計画 | 数理的計画論 | 交 通 | 治 水 | 利 水 | 都市計画 | 環境保全 | 防 災

「**21世紀の国土のグランドデザイン**」とは何か

　国づくりの基本は，安全・安心かつ快適で美しい国土の構築にある．1998（平成10）年，第五次全総計画にあたる「**21世紀の国土のグランドデザイン――地域の自立と美しい国土の創出**」が発表された．従来の全総計画と違う点は，一極一軸集中型の国土構築からの脱却にある．**表2・5**にその要点を示したが，国主導型計画から地方分権型計画へと変容し，それとともに地域経営が問われることになったともいえる．それぞれの地方の活力が期待されるのである．

表2・5　第五次全国総合開発計画

1.	策定時期（閣議決定）	1998（平成10）年3月31日
2.	目標年次	2010（平成22）～2015（平成27）年
3.	背景	1. 地球時代（地球環境問題，大競争，アジア諸国との交流）
		2. 人口減少・高齢化時代
		3. 高度情報化時代
4.	基本目標	多軸型国土構造形成の基礎づくり
5.	開発方式	参加と連携――多様な主体の参加と地域連携による国土づくり
		1. 多自然居住地域（小都市，濃山漁村，中山間地域等）の創造
		2. 大都市のリノベーション（大都市空間の修復，更新，有効活用）
		3. 地域連携軸（軸状に連なる地域連携のまとまり）の展開
		4. 広域国際交流圏（世界的交流機能を有する圏域の形成）

地域に即した戦略

　この国土づくりの戦略の中に「多自然居住地域の創造」がうたわれている．これを具体的にいえば，技術と自然を調和させた景観への感動であろう．例えば，大自然の中で山や川・海を借景とし，すぐれたデザインと高度な土木技術を駆使した「ハイ・クオリティ・ウェイ」（最高の品質をもった高速道路）がある．それは技術の芸術化であり，土木技術の高さからくる感動である．

　風景と構造物が調和した美しい国土づくりを，土木技術を通して世界へ発信していくことが望まれる．

図2・17　1995（平成7）年，大阪・道頓堀川で水辺整備事業として，川沿いの遊歩道工事が始まる

図2・18　新東明高速道路　御殿場JCT（提供：中日本高速道路株式会社〈NEXCO中日本〉）

7

国土形成計画

新しい国土づくり
対流促進型国土

日本社会全体が急速に多様に変化している．本格的な人口減少社会の到来，異次元の高齢化，巨大災害の切迫等，国土を取り巻く環境は，きわめて厳しい状況である．

こうした中で，これまで五次にわたって策定・推進されてきた全国総合開発計画に代わる新しい国土づくりの目標が策定されることになった．それが新たな国土形成計画（全国計画）であり，2015（平成27）年に閣議決定された．

新しい
国土づくりの目標

新しい国土づくりの目標は，次のとおりである．

① 安全で豊かさを実感することのできる国

② 経済成長を続ける活力ある国

③ 国際社会の中で存在感を発揮する国

図2・19 千年の古都の歴史を刻んで流れる京の川・鴨川

つまり，多様な広域ブロックが自立的に発展する国土を構築するとともに，美しく暮らしやすい国土を形成していき，さらに東アジアとの円滑な交流・連携，太平洋のみならず日本海・東シナ海の活用を目指すものである．

新しい国土の
基本構想

新しい国土の基本構想は，次のとおりである．

1. 対流促進型国土の形成

「対流」とは，多様な個性を持つさまざまな地域が相互に連携して生じる地域間のヒト・モノ・カネ・情報の双方向の活発な動きである．「対流」それ自体が地域に活力をもたらすとともに，多様で異質な個性の交わり，結びつきによってイノベーション（新たな価値）を創出する．

「対流」が全国各地でダイナミックに湧き起こる国土を目指し，地域の多様な個性が「対流」の原動力となる．

2. 国土構造，地域構造：重層的かつ強靱な「コンパクト＋ネットワーク」

生活に必要な各種機能を一定の地域にコンパクトに集約し，各地域をネットワークで結ぶことで，利便性の向上，圏域人口の維持が図られ，人口減少社会の適応策となる．よって，さまざまな「コンパクト＋ネットワーク」の国土全体への重層的かつ強靱な広がりをもつこととなる．

さらに，以下の点により個性ある地方の創生を目指すものである．

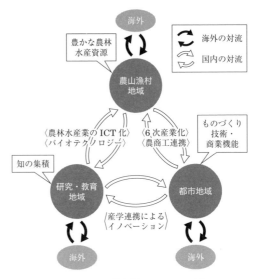

図 2・20 「対流」のイメージ[1]

- 地域住民向けサービス業など地域消費型産業の生産性向上
- 地域資源を活かした移輸出型産業の強化，海外展開
- 地域発イノベーションの創出，「起業増加町」の醸成

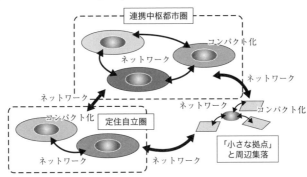

図 2・21 「コンパクト＋ネットワーク」の概念図[1]

3. 東京一極集中の是正と東京圏の位置付け

人の流れを変え，魅力ある地方を創生し，東京は国際都市として国際競争力を向上させる．

4. 都市と農山漁村の相互貢献による共生

2章のまとめの問題

【問題 1】 現在，わが国は国土形成計画に基づいて，国土の空間的計画を進めている．戦後のわが国の国土計画を支えてきた全国総合開発計画法の変遷を取りまとめてみよう．

解説 本章 2-2～2-6 節を参照して，時代の変化とともにその理念がどのように変化してきたかを改めて振り返ってみよう．参考として各計画の比較表を次に示す．

表 2・6　全国総合開発計画（全総）の比較

	全国総合開発計画（全総）	新全国総合開発計画（新全総）	第三次全国総合開発計画（三全総）	第四次全国総合開発計画（四全総）	21 世紀の国土のグランドデザイン
閣議決定	1962（昭和37）年 10月5日	1969（昭和44）年 5月30日	1977（昭和52）年 11月4日	1987（昭和62）年 6月30日	1998（平成10）年 3月31日
策定時の内閣	池田内閣	佐藤内閣	福田内閣	中曽根内閣	橋本内閣
背景	1. 高度経済成長への移行 2. 過大都市問題，所得格差の拡大 3. 所得倍増計画（太平洋ベルト地帯構想）	1. 高度経済成長 2. 人口，産業の大都市集中 3. 情報化，国際化，技術革新の進展	1. 安定経済成長 2. 人口，産業の地方分散の兆し 3. 国土資源，エネルギー等の有限性の顕在化	1. 人口，諸機能の東京一極集中 2. 産業構造の急速な変化により，地方圏での雇用問題の深刻化 3. 本格的国際化の進展	1. 地球時代（地球環境問題，大競争，アジア諸国との交流） 2. 人口減少・高齢化時代 3. 高度情報化時代
目標年次	1970（昭和45）年	1985（昭和60）年	1977（昭和52）年からおおむね10年間	おおむね 2000（平成12）年	2010（平成22）年から2015（平成27）年
基本目標	地域間の均衡ある発展	豊かな環境の創造	人間居住の総合的環境の整備	多極分散型国土の構築	多軸型国土構造形成の基礎づくり
開発方式	拠点開発構想	大規模プロジェクト構想	定住構想	交流ネットワーク構想	参加と連携

【問題 2】 あなたの住むところは，自然災害に対して安全と言えるだろうか．そこでの避難施設の整備や避難訓練の実施などが，どのように行われているか調べてみよう．

解説 わが国の絶対的に必要な国防策は，確実に遭遇する巨大な自然災害に対する対策である．

防災・減災対策こそが国土経営上の最大課題であり，わが国の土木の絶対的な使命である．

東日本大震災は，現代の土木技術の災害への対処の考え方に大きな変革を迫った．例えば巨大津波に対しても，防潮施設に頼ることなく，回復不能な被害を避けることを主眼とし，人命を守るための避難施設の整備や避難訓練という防災対策にその重点をシフトした．これは，社会全体のレジリエンス（立ち直りの早さ）を確保することの重要性からである．あなたの住む市町が出している一般向けのハザードマップなども調べてみよう．

図 2・22　京都市 土砂災害ハザードマップ[5]

3 章

数理的計画論

　これからの日本，都市，地域をデザインしていくにあたり，計画なくして「より
よい社会」は実現できない．空間的広がりをもつ広域的事業に計画が必要なのはい
うまでもなく，「よりよい社会」を目指して事業を試みれば，その大小や種別にかか
わらず計画が必要となる．

　土木計画は未来の社会について考えられるため，計画者はさまざまな予測や分析
を行わなければならない．ここに統計的予測や最適化，費用便益分析などの数理的
判断を根拠に進める計画を数理的土木計画とする．ただし，数理的に将来予測や最
適化を行うには仮定や仮説の導入を必要とするために予測と結果には差異を生じ
る．また，地域の声など数量的に表せない要素があることも無視できない．しかし，
これらを考慮しても，定量的な結果の予測なくしては効果的な代替案を選択するこ
とはできない．そのため，技術者にとって，統計的予測や数理的最適化についての
方法論を十分に理解することが重要となる．

交通渋滞

エネルギー問題

1
未来の選択

土木事業の決定　社会的問題が明確になれば，その改善策を考えなけれ
ばならない．ここで改善策は必ず複数の案（**代替案**）を
提示し，比較検討を行うことになる．なぜなら社会的問題の改善策は公共事業で
あり，ここでは土木事業である．その費用や効果は国民や地域住民のものだから
だ．したがって土木事業を決定するにあたり，決定者には重大な責任が課せられ
ている．また，事業を行う理由，複数の代替案から選択した理由を説明できなけ
ればならない．その根拠となるのが数理的土木計画である．

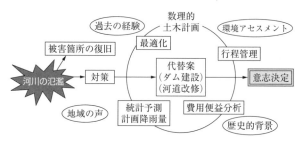

図3・1　問題の発生から計画決定まで（治水）

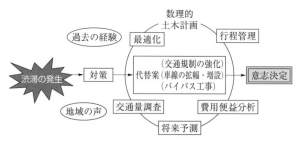

図3・2　問題の発生から計画決定まで（交通）

数理的土木計画

数理とは「数学の理論．俗に算数，計算」（『広辞苑』より）という意味である．本章の数理的計画論では「**統計予測・将来予測**」，「**最適化**」，事業評価としての「**費用便益分析**」などを対象にしている．また，土木構造物建設の「工程管理」のうちネットワーク表現を用いた手法についても説明する．

統計的予測

土木計画は未来の社会に対しての効果を問われるので，将来の社会状況を予測し，それに適するものでなくてはならない．予測の方法には多くの理論が提案されているが，土木計画においては「確率論」を用いる場合が多い．それは一見，不規則に見える自然界の現象や人間の行動でも，その生起確率は「確率モデル」によって近似できることが多いからである．それゆえ土木計画に携わる者は，問題となる現象に合う「確率モデル」を特定する方法や将来予測に適用する方法について，理解することが重要である．

数理的最適化

数理的最適化は与えられた条件を満たしながら目的の値を最大または最小にすることであり，目的や制約条件を関数として表せることが必要となる．現実の計画において，目的や条件を関数として表せることは限られた問題になるため実用的ではない．しかし，現象の定式化や広域的・局所的最適解を求めるなどの数理的最適化の理解は，計画立案において有効な考え方の一つとなる．

費用便益分析

土木事業のうち構造物の建設から維持管理までを「建設プロジェクト」と呼ぶことにする．費用便益分析は建設プロジェクトを評価するための手段の一つである．建設プロジェクトの実施にあたり事業費や維持管理費を「費用」，効果のうち貨幣換算できるものを「便益」とし，これらを比較することで評価する．そして，プロジェクトそのものの適否を検討したり，複数の代替案のうちどれを選択するかの判断に用いられる．

ネットワーク式工程管理

建設プロジェクトのうち構造物の建設のみに着目する．構造物を工期内に品質を確保しながら，経済的に施工するには工程管理が必要となる．工程管理にはいくつかの方法が考案されているが，「**ネットワーク式工程管理**」は工事の管理にとどまらず，重要な作業の特定や工期の短縮をも数理的に明らかにできる方法である．

2

車は何台通る？
大雨はいつ降る？

<blacktriangleright> **予測の手順**

治水，交通などの計画においてダムの規模や堤防の高さ，道路の車線数などを決定するためには，異常降雨量や交通量を明確にしなければならない．これらの値を予測するには過去の気象データや交通量調査の結果をもとに「確率論」を用いる．その手順を次に示す．

① 予測対象となる値を決定する．

② その変数が生起する確率を近似できる確率モデルを決定する．

③ 確率モデルの期待値や分散を推定する．

④ その確率モデルを用いて予測値を求める．

<blacktriangleright> **予測値の選定**

計画を進めるにあたり重要となる値は何なのかを考える．その値を予測すれば，計画に必要な他の値が間接的に求められるといった値を選ぶ必要がある．

<blacktriangleright> **予測値の確率分布**

予測すべき値が何なのかが決まれば，その値の確率分布を予測することになる．確率分布は「確率密度関数」で表現される．その代表的な例として**図3・3～3・5**に示すような関数がある．

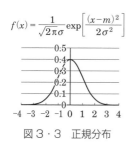

$$f(x) = \frac{1}{\sqrt{2\pi}\sigma} \exp\left[\frac{(x-m)^2}{2\sigma^2}\right]$$

図3・3 正規分布

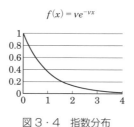

$$f(x) = \nu e^{-\nu x}$$

図3・4 指数分布

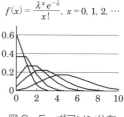

$$f(x) = \frac{\lambda^x e^{-\lambda}}{x!}, \quad x = 0, 1, 2, \cdots$$

図3・5 ポアソン分布

確率密度関数とは区間積分によって確率を求めることができる関数である．し

たがって確率密度の高い値辺りの生起確率が高く，全域にわたって積分すれば1となる関数である．図3・3〜3・5に示した確率分布で表される事象のうち，具体的な例を交通にかかわる事象で**表3・1**に表す．

表3・1 確率分布の例

正規分布	指数分布	ポアソン分布
道路のある地点を1日に通る車の台数（日交通量）	道路のある地点を車が通過してから次の車が通過するまでの時間間隔	道路のある地点を一定時間に車が通過する台数

例題1

道路のある地点で走行車が通過する時間間隔を観測したところ，平均2分の指数分布に従うことがわかった．次の確率を求めよ．

(1) 車の通過する間隔が1分以上になる確率．
(2) 1台の車が通過してから1分が経過したが，まだ後続車が通過していない．これからの1分間に車が到着する確率．

【解答】

指数分布の確率密度関数は $f(x) = v e^{-vx}$ である．この問題の場合 v は単位時間に通過する車の台数なので $v = 1/2$ となる．これを代入して次式になる．

$$f(x) = \frac{1}{2} e^{-(1/2)x}$$

(1) 1分間に車が通過しない確率を求める．

$$P_r\{x > 1\} = 1 - \int_0^1 f(x)\,\mathrm{d}x = 1 - [-e^{-(1/2)x}]_0^1 = 1 + e^{-(1/2)} - e^0 = 0.607$$

(2) 1台の車が通過してから1分以上，2分以内で後続車が通過する確率を求める．

$$P_r\{1 \leq x \leq 2\} = \int_1^2 f(x)\,\mathrm{d}x = [-e^{-(1/2)x}]_1^2 = -e^{-1} + e^{-(1/2)} = 0.239$$

すでに1分が過ぎているので

$$\frac{P_r\{1 \leq x \leq 2\}}{P_r\{x > 1\}} = \frac{0.239}{0.607} = 0.394$$

例題2

ある地域の渇水対策を考える．その地域の3月から8月の降水量は平均 $m = 650$ mm，標準偏差 $\sigma = 150$ mm の正規分布に従うことがわかっている．3月から8月の降水量が400 mm以下となる確率を求めよ．

【解答】

$$z = \frac{x - m}{\sigma} = \frac{400 - 650}{150} = -1$$

この値を用いて正規分布表から確率を求める．

$$P_r\{-\infty \leq x \leq -1\} = \Psi(-1) = 0.159$$

$\Psi(z)$ は標準正規分布 $N(0, 1)$ の累積分布を表す．

〈参考〉マイクロソフト Excel では NORMDIST 関数を用いると直接確率を求めることができる．

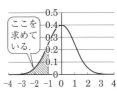

図3・6 標準正規分布

3

ノッポだったり
太っちょだったり，
形を決めるパラメータ

パラメータの推定　　確率密度関数が決まればその形状を決定できる**パラ
メータ**を推定する．ここに確率密度関数のパラメータとは
正規分布では期待値 m，標準偏差 σ がそれに相当し，指数分布とポアソン分布では
式中の ν, λ が相当する．この値が決まれば予測値における確率密度が与えられる．

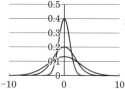
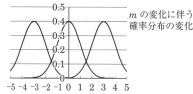

図3・7　パラメータの変化による確率密度関数の変化

パラメータを推定するには，過去のデータや調査から得られたデータを用いて
推定する方法がよく使われる．簡単な例として正規分布では得られた N 個のデー
タ x を用いて期待値と標準偏差の推計値 $\overline{m}$，$\overline{\sigma}$ を次式で求めることができる．

$$\overline{m} = \frac{\sum\limits_{i=1}^{N} x_i}{N}, \quad \overline{\sigma} = \sqrt{\frac{\sum\limits_{i=1}^{N} (x_i - \overline{m})^2}{N-1}}$$

また，指数分布の $\overline{\nu}$，ポアソン分布の $\overline{\lambda}$ は次式で求めることができる．

$$\overline{\nu} = \frac{N}{\sum\limits_{i=1}^{N} x_i}, \quad \overline{\lambda} = \frac{\sum\limits_{i=1}^{N} x_i}{N}$$

このように簡単な方法で求められる場合ばかりではないが，最尤推定法などを
用いればすべての確率モデルのパラメータを推定することが可能である．

コラム①

プロイセン陸軍で馬に蹴られて死亡した兵士数
── ポアソン分布の実例

ロシアで生まれドイツで活躍した経済学者ボルトキーヴィッチ（1868〜1931年）は，1875年から1894年までの20年間に10騎兵隊の「馬に蹴られて死んだ兵士」の数を調べた．その結果を**表3・2**に示す．

全標本数は10隊×20年＝200となる．これを用いて平均値を求めると次のようになる．

表3・2　1年間1騎兵隊の死者数と度数および生起確率

死者数	0	1	2	3	4	5
騎兵隊数	109	65	22	3	1	0
生起確率	0.545	0.325	0.110	0.015	0.005	0

$$(0 \times 109 + 1 \times 65 + 2 \times 22 + 3 \times 3 + 4 \times 1 + 5 \times 0)/200 = 0.61 〔人/年〕$$

ポアソン分布のパラメータ λ は期待値（平均値）に一致するので $\lambda = 0.61$ として各確率を求める．

$$f(x) = \frac{0.61^x e^{-0.61}}{x!}$$

その結果を**図3・8**に実線で示す．

また，実際の生起確率を黒い丸で図中にプロットする．ポアソン分布による計算結果と実測値が非常に類似した結果となることがわかる．

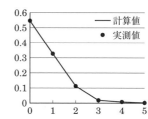

図3・8　1年間1騎兵隊の死者数の確率

ポアソン分布は1838年に発表されていた．それから60年後のボルトキーヴィッチの調査結果に適用されたことにより世に知られるようになった．もう一度，観測数と理論値を**表3・3**に示す．

表3・3　観測値と理論値の比較

死者数	0	1	2	3	4	5
観測隊数	109	65	22	3	1	0
理論値	108.7	66.3	20.2	4.1	0.6	0.1

土木の歴史　国土計画　数理的計画論　交　通　治　水　利　水　都市計画　環境保全　防　災

4

○○年後の需要量は？

需要量を予測

　前節のように単一の予測変数に対して確率分布を求めるケースは，降水量のような自然現象の場合に適用することができる．しかし，交通需要やエネルギー需要といった予測値は，地域の人口や土地利用状況など，さまざまな要因によって変化する．また，土木事業の計画では10年，20年といった将来を予測するため，経済成長率なども考慮に入れながら予測値を特定していく必要がある．予測値を推定するにはパラメータを目的変数（被説明変数），影響を及ぼす値を説明変数として関数表現する場合が多い．

　例えば予測値の確率分布が正規分布で表される場合を考える．その期待値 m を目的変数とし，m に影響を及ぼす z を説明変数に用いて表す．ここで m が線形関数で表される基本的なケースを例にあげて説明する．

$$m = a_0 + a_1 z_1 + a_2 z_2 + \cdots + a_M z_M$$

ここに a_0 は定数項，$a_1 \sim a_M$ は係数を表す．

　既存のデータを用いて，**回帰分析**などにより $a_0 \sim a_M$ が決定したと仮定すると，

One Point 回帰分析

　上式のように目的変数 m と説明変数 z の関係を一次式で表せるとしたとき，定数項や係数をデータから決定する方法が回帰分析である．説明変数が一つの場合は単回帰分析，複数の場合を重回帰分析という．その代表的な方法として最小二乗法がある．

　最小二乗法の概念は右図に示すように求めるべき回帰式の値とデータとの差（残差 ε）が最も少なくなるような係数を求めるというものである．ただし，残差には必ず正負があるため二乗和を最小にすることですべてのデータと回帰式のかい離を最小にする係数を決定する．計算の具体例は例題にて説明しているので参考にしてもらいたい．

図3・9　実測値と回帰式の関係

z にデータを与えることで,目的変数の予測が可能となる.

> **予測値の特定**　予測値の確率分布が推定できれば,それを用いて予測値を特定する.これを求める方法には複数の方法があるが,そのうち代表的な方法について紹介する.

■ 点予測

予測値が分布する範囲のうち,唯一の値を予測値と特定する方法である.一般的には期待値を予測値とすることが多く,パラメータ推定により求まる.簡単ではあるものの分散などを考慮していないため,予測値の曖昧さなどを加味した計画判断ができない.

■ 区間予測

予測値で生起確率が高い範囲を予測区間として予測値に幅をもたせる.確率分布が正規分布の場合を例に**図3·10**に示す.

確率密度が大きいほうが起こりやすい

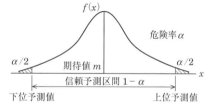

図3·10　点予測と区間予測

といえるので,確率密度が大きい部分で確率密度関数を積分して,生起確率を求める.一般的には生起確率が 90, 95, 99% になるような範囲が予測値になると考えて信頼予測区間を求める.予測の幅を考えることで曖昧さなどを加味した計画判断ができるようになる.

■ モンテカルロ・シミュレーション

複数の確率分布から予測される事象では,解析によって期待値や分散を求めることができない場合が多い.そこで,確率分布をもとにしたシミュレーションを用いて予測値を求める.

前述のように一つの事象で考えれば,最初に得られた確率分布に帰着するだけのことだが,複数の確率分布が絡み合うような場合について起こるべき事象を再現するのに有効である.この方法をモンテカルロ・シミュレーションという(ジョン・フォン・ノイマンにより考案された手法であり,カジノで有名な国家モナコ公国の4つの地区の一つであるモンテ・カルロから名づけられた.乱数の発生や数多くの反復計算を必要とするため,20世紀中頃のコンピュータの登場によって確立された).

【Experiment】

　1～4 の数字は**図 3・11** に示す確率で現れることがわかっている．1 回の試行で，どの値が表れるかを決める実験を考える．そのために 1～10 の乱数（サイコロやトランプ，ルーレットの出目によって得られる不規則な数字）を発生させる．発生する値と乱数を確率分布に従って対比させる（**表 3・4**）．これを繰り返して行い，実験回数を増やせば図の確率分布に近づき，確率分布を再現することになる．

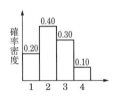

図 3・11　事象の起こる確率分布

表 3・4　乱数の割り当て

	1	2	3	4
乱数	1～2	3～6	7～9	10

例題 1

　4 市についての市外発生トリップ数と人口を**表 3・5** に示す．市外発生トリップ数を被説明変数 y，人口を説明変数 x とする線形回帰モデルとして次式のように表す．

$$y = a_0 + a_1 x \qquad (3 \cdot 1)$$

　この式に含まれる定数項 a_0 および係数 a_1 を 4 市のデータから推定せよ．

表 3・5　市外発生トリップ数の調査

市名	市外発生トリップ数〔万トリップ〕	人口〔万人〕
T 市	60	42
M 市	25	18
S 市	10	6
K 市	40	25

【解答】

　a_0, a_1 がわかっているものとして，式 $(3 \cdot 1)$ に x を代入することを考える．そこで求められる値 $\bar{y}$ は調査で求められる市外発生トリップ数には一致しない（**図 3・12**）．この差を残差 ε と呼ぶ．

　ここで最小二乗法を用いて a_0, a_1 を求める．

$$\left.\begin{array}{l}\varepsilon_1 = 60 - a_0 - 42a_1 \\ \varepsilon_2 = 25 - a_0 - 18a_1 \\ \varepsilon_3 = 10 - a_0 - 6a_1 \\ \varepsilon_4 = 40 - a_0 - 25a_1\end{array}\right\}$$

これら残差の 2 乗和を関数 $S(a_0, a_1)$ とする．

$$S(a_0, a_1) = (60 - a_0 - 42a_1)^2 + (25 - a_0 - 18a_1)^2$$
$$+ (10 - a_0 - 6a_1)^2 + (40 - a_0 - 25a_1)^2$$

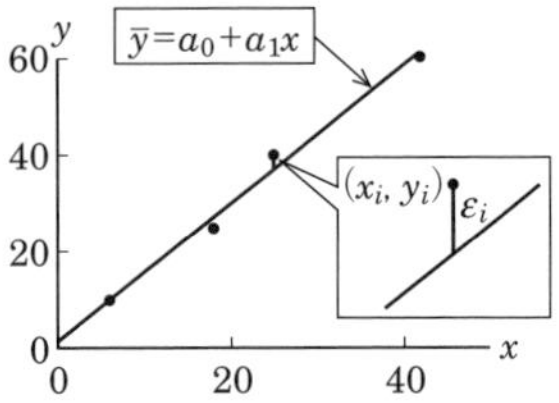

$S(a_0, a_1)$ が最小になる a_0, a_1 を求めるには $S(a_0, a_1)$ を a_0, a_1 でそれぞれ偏微分する．それらの値が 0 となるとき極値（最小値）となるので，その 2 つの式を 0 とおき，それらの連立方程式を解くことで a_0, a_1 を求める．

$$\frac{\partial S(a_0, a_1)}{\partial a_0} = -2(60 - a_0 - 42a_1) - 2(25 - a_0 - 18a_1) - 2(10 - a_0 - 6a_1)$$
$$- 2(40 - a_0 - 25a_1) = 0$$

$$\frac{\partial S(a_0, a_1)}{\partial a_1} = -84(60 - a_0 - 42a_1) - 36(25 - a_0 - 18a_1) - 12(10 - a_0 - 6a_1)$$
$$- 50(40 - a_0 - 25a_1) = 0$$

図 3・12　実測値と線形回帰式の関係

これらを整理すると

$$270 - 8a_0 - 182a_1 = 0$$
$$8060 - 182a_0 - 5498a_1 = 0$$

この式を解いて次の値を得る．（表計算ソフトを用いれば容易）

$$a_0 \fallingdotseq 1.62$$
$$a_1 \fallingdotseq 1.41$$

したがって，式(3・1)は

$$y = 1.62 + 1.41x$$

と表せる．

例題2

例題1で市外発生トリップが正規分布に従うと仮定したとき，市外発生トリップの分散 σ_2 を求めよ．

【解答】

正規分布の分散は前節に示した標準偏差の2乗に相当する．

$$\varepsilon_1 = 60 - 1.62 - 42 \times 1.41 = -0.84$$
$$\varepsilon_2 = 25 - 1.62 - 18 \times 1.41 = -2.00$$
$$\varepsilon_3 = 10 - 1.62 - 6 \times 1.41 = -0.08$$
$$\varepsilon_4 = 40 - 1.62 - 25 \times 1.41 = 3.13$$
$$\sigma^2 = \frac{(-0.84)^2 + (-2.00)^2 + (-0.08)^2 + (3.13)^2}{4-1} = 4.84$$

表3・5のデータから，任意の人口の市から発生するトリップの確率分布は正規分布に従うと仮定しているので，確率密度関数を $\varphi(y, \sigma^2)$ と表し

$$\varphi(y, \sigma^2) = \varphi(1.62 + 1.41x, 4.84) \qquad (3 \cdot 2)$$

となる．

例題3

交通量調査を行っていないZ市の市外発生トリップを例題1，2で求めた回帰モデルをもとに予測せよ．ただしこのZ市の人口は15万人である．なお，予測は危険率5%（安全率95%）の区間予測とする．

【解答】

式(3・2)からZ市の市外発生トリップの確率密度関数は

$$\varphi(1.62 + 1.41x, 4.84) = \varphi(22.77, 4.84)$$

となる．危険率5%で予測するので，下位の2.5%，上位97.5%に対応する値はそれぞれ±1.96である（正規分布表やマイクロソフトExcelのNORMINV関数を用いる）．標準偏差は $\sqrt{4.84} = 2.20$ であるので信頼予測区間は

$$[22.77 - 1.96 \times 2.20, 22.77 + 1.96 \times 2.20] = [18.46, 27.08] \text{〔万トリップ〕}$$

となる．

5

限られた条件で よりよい事業を！

数理的最適化

　　　　　　　私たちの身近にも最適化を求められる問題は数多くある．例えば費用が限られたプロジェクトで効果を最大にする構造設計や施設運用の問題，水資源が限られる環境においての最適な配分問題，新設道路の経済効果が最大となる路線選定などが考えられる．これらを数理的最適化問題として扱うには，目的や制約条件を時間や費用，人口といった値を変数として関数表現する必要がある．

　計画の目的を関数で表せるものとする．

　　$f(x_1, x_2, \cdots, x_n)$

また，制約条件を次のように表せるものとする．

　　$g_i(x_1, x_2, \cdots, x_n) = 0$　and/or　$g_i(x_1, x_2, \cdots, x_n) \leqq 0$　$(i = 1, 2, \cdots, m)$

これらの条件のもとで最適解を求める．

　　$f(x_1, x_2, \cdots, x_n) \to$ max or min

この関数 $f(\boldsymbol{x})$，$g(\boldsymbol{x})$ が線形か非線形か，また変数が連続変数か離散変数なのかによって，適当な解析手法を選択し最適な値を求める．**線形計画法**の解析には図式解法やガウス・ジョルダンの消去法，シンプレックス法などがあり，**非線形計画法**はニュートン法やラグランジュの未定乗数法などの古典的なものから最新のものまで数多くの方法がある．この他にも計画を多段階に分けて段階ごとに最適解を求める動的計画法などもあるが，ここでは線形，非線形計画法の解説にとどめる．

線形計画法

　　　　　　　制約条件が一次の等式，不等式で表され，変数が非負であるとき，一次式で表される目的関数の最適値を求めることを線形計画という．すなわち

　　$f(\boldsymbol{x}) = \alpha_0 + \alpha_1 x_1 + \alpha_2 x_2 + \cdots + \alpha_n x_n$　　（α は定数）

$$g_i(\boldsymbol{x}) = \beta_{i0} + \beta_{i1}x_1 + \beta_{i2}x_2 + \cdots + \beta_{in}x_n \quad (\beta \text{ は定数})$$

$$x_0, x_1, x_2, \cdots, x_n \geqq 0$$

と表される場合である．$f(\boldsymbol{x}), g_i(\boldsymbol{x})$ ともに線形で定式化できるケースは少ないものの適当な仮定や部分的に近似する等の方法で線形計画として解くことが多い．

例題　図式解法

　掘削工事において 2 種類のバックホウが使用できる．ところがオペレータを 1 人しか確保できなかったため，同時に二つの機械を稼働することができない．2 種類のバックホウは性能に差があり，掘削作業の効率と作業経費はそれぞれ表 3·6 に示すとおりとなる．なおオペレータの作業時間は 8 時間を超えてはならない．また，作業経費を 1 日当たり 36 千円までに抑えたい．これらの条件を満たしながら 1 日当たりの掘削量を最大にするためには，それぞれのバックホウの使用時間をどれだけにすればよいか．

表 3·6　バックホウの性能

	バックホウ 1	バックホウ 2
掘削量	40〔m³/h〕	60〔m³/h〕
作業経費	2〔千円/h〕	6〔千円/h〕

【解答】

　目的は掘削量を最大にすることなので，それぞれの機械の使用時間を x_1, x_2 として

$$z = 40x_1 + 60x_2 \rightarrow \max$$

と表すことができる．

　また，条件を式で表すと

$$x_1 + x_2 \leqq 8 \tag{3·3}$$
$$2x_1 + 6x_2 \leqq 36 \tag{3·4}$$
$$x_1 \geqq 0, \quad x_2 \geqq 0 \tag{3·5}$$

　不等式 (3·3), (3·4), (3·5) を図示すると，図 3·13 のようになり，ハッチングした部分が実行可能領域となる．目的関数は z を定数と見れば一次関数であり，実行可能領域の点を通る傾きが一定の直線と考えることができる．z が大きな値をとるためには，この一次関数の x_2 軸における切片が最大となればよいことになる．したがって，目的関数（図中破線）が点 P を通るとき z は最大となる．

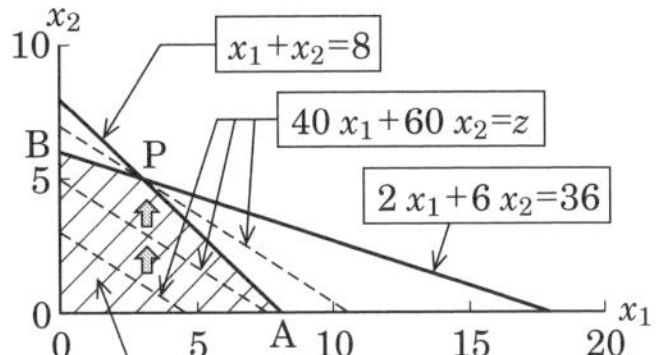

　点 P の座標を求めるために式 (3·3), (3·4) を等式に変える．

図 3·13　実行可能領域と
目的関数の関係

$$\begin{cases} x_1 + x_2 = 8 \\ 2x_1 + 6x_2 = 36 \end{cases} \tag{3·6}$$
$$\tag{3·7}$$

　これらを解いて $x_1 = 3, x_2 = 5$ を得る．最適な使用時間はバックホウ 1 を 3 時間，バックホウ 2 を 5 時間となる．また，これらの値を目的関数に代入して最大掘削量 $z = 420$ m³ を得る．

6

連立方程式で最適化

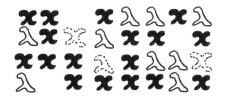

ガウスジョルダンの消去法

変数が多くなると図形的解法が困難，あるいは不可能になる．しかし，**ガウス・ジョルダンの消去法**を用いれば最適解を求めることができる．

前節の例題を用いてガウスジョルダンの消去法を説明する．まず，余裕量 λ を入れて制約条件を等式に変える．

（使える量）−（使った量）＝（余った量）⇒（使った量）＋（余った量）＝（使える量）

使った量 x_1, x_2，余った量 λ_1, λ_2 は非負 $x_1, x_2, \lambda_1, \lambda_2 \geqq 0$ である．

バックホウ1とバックホウ2の使用時間をそれぞれ x_1, x_2 としたとき余った時間を λ_1 とし，費用の余裕を λ_2 とすると

$$x_1 + x_2 + \lambda_1 = 8 \tag{3・8}$$

$$2x_1 + 6x_2 + \lambda_2 = 36 \tag{3・9}$$

と表せる．また，目的関数における z を一つの変数と考えて変形すると

$$z - 40x_1 - 60x_2 = 0 \tag{3・10}$$

と表すことができる．以上3式の連立一次方程式で z を最大とする解を求める問題となった．変数5つに対して方程式が3つでは解くことができないので，2つの値を与えながら最適解を求めていく．

バックホウ1とバックホウ2の作業効率を比較すると，バックホウ2を使うほうが利益を大きくするので，バックホウ2ばかり使用することを考えると

式(3・8)において　$0 + x_2 + 0 = 8 \rightarrow x_2 = 8$

式(3・9)において　$2 \times 0 + 6 \times x_2 + 0 = 36 \rightarrow x_2 = 6$

上記の制約条件において，制約の厳しい式(3・9)の条件で得られる $x_2 = 6$ までしか x_2 は増やせないことがわかる．次に $x_2 = 6$ を与えた式(3・9)の x_2 の係数が1となるように変形する．

$$\frac{1}{3}x_1 + x_2 + \frac{1}{6}\lambda_2 = 6 \tag{3・11}$$

この式を用いて式(3·8), (3·10)中の x_2 を消去する.

式(3·8) − 式(3·11)は, $\dfrac{2}{3}x_1 + \lambda_1 - \dfrac{1}{6}\lambda_2 = 2$ $\tag{3・12}$

式(3·10) + 60 × 式(3·11)は, $z - 20x_1 + 10\lambda_2 = 360$ $\tag{3・13}$

式(3·11)で $x_2 = 6$ であることより

$$x_1 = 0, \quad \lambda_2 = 0$$

これらの値を式(3·12), (3·13)に代入すると

$$\lambda_1 = 2, \quad z = 360$$

を得る（これらの値は図式解法の点 B での各値を求めたことに相当する）.

z を最大とすることが目的なので式(3·13)に注目する. x_1 が正の値になれば z は大きくなることがわかる. ただし, 式(3·11), (3·12)において x_1 がとり得る最も大きい値を考えると

式(3·11)において $\dfrac{1}{3}x_1 + 0 + \dfrac{1}{6} \times 0 = 6 \rightarrow x_1 = 18$

式(3·12)において $\dfrac{2}{3}x_1 + 0 - \dfrac{1}{6} \times 0 = 2 \rightarrow x_1 = 3$

これらから条件の厳しい $x_1 = 3$ まで大きくすることを考える. ここで $x_1 = 3$ を得た式(3·12)の x_1 の係数を 1 にする.

$$x_1 + \frac{3}{2}\lambda_1 - \frac{1}{4}\lambda_2 = 3 \tag{3・14}$$

式(3·14) を操作して式(3·11), (3·13)から x_1 を消去し変形する.

式(3·11) − $\dfrac{1}{3}$ × 式(3·14)は, $x_2 - \dfrac{1}{2}\lambda_1 + \dfrac{1}{4}\lambda_2 = 5$ $\tag{3・15}$

式(3·13) + 20 × 式(3·14)は, $z + 30\lambda_1 + 5\lambda_2 = 420$ $\tag{3・16}$

式(3·14) で $x_1 = 3$ であることより

$$\lambda_1 = 0, \quad \lambda_2 = 0$$

これらの値を式(3·15), (3·16) に代入すると

$$x_2 = 5, \quad z = 420$$

を得る（これらの値は図式解法の点 P での各値を求めたことに相当する）. ここで式(3·16)に注目する. λ_1 および λ_2 は非負であり, 係数が正となっているため, z を最大とするためには λ_1, λ_2 は 0 でなくてはならない. したがって, 計算はここで終了となる.

7

スマートに解く
シンプレックス法

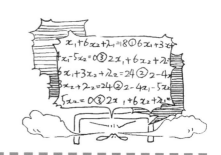

シンプレックス法　前節で計算したバックホウの最適な使用時間を求める問題を**シンプレックス法**で解く．そのため制約条件および目的関数を次に示す基底形式の連立方程式に置き換える．

$$x_1 + x_2 + \lambda_1 \qquad = 8 \quad \boxed{スラック変数} \tag{3・17}$$

$$2x_1 + 6x_2 \qquad + \lambda_2 = 36 \tag{3・18}$$

$$z - 40x_1 - 60x_2 \qquad = 0 \tag{3・19}$$

ここで，$x_1, x_2, \lambda_1, \lambda_2 \geqq 0$

シンプレックス法では変数 λ を**スラック変数**と呼ぶ．

また，この連立方程式にはそれぞれの式にのみ存在し，他の方程式には現れない変数がすべての式について一つずつある．この連立方程式を「**基底形式**」といい，λ や z のように他の式には現れない変数は「**基底変数**」という．それ以外の変数 x_1, x_2 は「**非基底変数**」という．また，非基底変数を 0 として得られる基底変数の値を「**基底解**」と呼ぶ．これらを定義し，シンプレックス法の具体的な計算手順を以下に説明する．

式(3・17)～(3・19)の連立方程式を解くためにシンプレックス表を用いることにする．

最初の段階をサイクル 0 とし，表に示した基底変数，基底解，変数を記入する．

ここで z を最大にすることが目的なので，目的関数内の非基底変数につく係数（**シンプレックス基準**）に着目し，これが負で絶対値が最大の値を探す．その係数の非基底変数が大きくなれば効率的に z の値が大きく

表3・7　シンプレックス表（サイクル0）

サイクル	基底変数	基底解	変数				θ	式
			x_1	x_2	λ_1	λ_2		
0	λ_1	8	1	1	1	0	8	(3・17)
	λ_2	36	2	6	0	1	6	(3・18)
	z	0	−40	−60	0	0		(3・19)

シンプレックス基準

なる．これはガウス
ジョルダンの消去法で
も述べたとおりであ
る．この問題の場合，
シンプレックス基準は
非基底変数 x_1 の係数
-40 と x_2 の係数-60

表3・8　シンプレックス表（サイクル1）

サイクル	基底変数	基底解	変数				θ	式
			x_1	x_2	λ_1	λ_2		
0	λ_1	8	1	1	1	0	8	(3·17)
	λ_2	36	2	6	0	1	6	(3·18)
	z	0	-40	-60	0	0		(3·19)
1	λ_1	2	2/3	0	1	$-1/6$	3	(3·20)=(3·17)−(3·21)
	x_2	6	1/3	1	0	1/6	18	(3·21)=1/6×(3·18)
	z	360	-20	0	0	10		(3·22)=(3·19)+60×(3·21)

となり，両方とも負の値である．絶対値が大きいのは x_2 の係数-60 となる．ここで x_2 のとりうる上限値を考えるために，x_2 以外の変数を 0 として右辺の値を x_2 の係数で除し，θ として表に記す．この値は各式において x_2 がとれる最大値を表しているので，サイクル 0 の 2 行目 $\theta = 6$ に注目する．式(3·18)の x_2 の係数が 1 となるように式を変形し式(3·21)とする．その式の係数をサイクル 1 の 2 行目に記す．他の制約条件式と目的関数の式から x_2 を消去することで式(3·21)の基底変数を x_2 に置き換える．ここで，先ほどと同様にシンプレックス基準のうち負で絶対値が大きい値は-20 となる．この係数は x_1 の係数なので，x_1 のとりうる上限値を求めるために制約条件式の x_1 以外の変数に 0 をあてはめたと考えて θ を求める．その結果から x_1 の上限値は 3 であることがわかる．この行の x_1 の係数が 1 となるように式を変形し式(3·23)とする．その係数をサイクル 2 の 1 行目に書き入れる．その式をもとに，他の制約条件式と目的関数の式から変数 x_1 を消去する．これにより，サイクル 2 の 1 行目の基底変数は x_1 となる．また，x_1 を消去した式(3·24)，(3·25)の各係数をサイクル 2 の 2,3 行目に書き入れる．ここで，シ

シンプレックス基準
はすべて正となっ
た．したがって，
これ以上 z の値を
大きくできないこ
とになる．サイク
ル 2 の基底変数と
基底解が求めるべ
き最適解となる．

表3・9　シンプレックス表（サイクル2）

サイクル	基底変数	基底解	変数				θ	式
			x_1	x_2	λ_1	λ_2		
0	λ_1	8	1	1	1	0	8	(3·17)
	λ_2	36	2	6	0	1	6	(3·18)
	z	0	-40	-60	0	0		(3·19)
1	λ_1	2	2/3	0	1	$-1/6$	3	(3·20)=(3·17)−(3·21)
	x_2	6	1/3	1	0	1/6	18	(3·21)=1/6×(3·18)
	z	360	-20	0	0	10		(3·22)=(3·19)+60×(3·21)
2	x_1	3	1	0	3/2	$-1/4$		(3·23)=3/2×(3·20)
	x_2	5	0	1	$-1/2$	1/4		(3·24)=(3·21)−1/3×(3·23)
	z	420	0	0	30	5		(3·25)=(3·22)+20×(3·23)

8

直線や平面だけでは
土木事業は表せない！

非線形計画法

目的関数 $f(\boldsymbol{x})$，制約条件式 $g_i(\boldsymbol{x})$（$i = 1, 2, \cdots, m$）のうちいずれかが非線形（高次，指数，対数など）であれば前述の線形計画の手法では解を求めることはできない．これらを非線形計画問題といい，それぞれの問題の性質に応じて複数の解法が考えられている．そのうちの基礎的なものについて説明する．

**制約条件がない
場合（その1）**

目的関数を $f(\boldsymbol{x})$ が任意の点において微分可能な連続関数で表すことができ，制約条件がない場合について最適化を考える．いま $\boldsymbol{x}$ は複数の変数をベクトル表示したものであるが，最も簡単な一変数の場合について考えることにより，最適化についての概念を説明する．関数 $f(x)$ の一階微分，二階微分をそれぞれ次のように書き表す．

$$f'(x) = \frac{\mathrm{d}f(x)}{\mathrm{d}x} \qquad (3 \cdot 26)$$

$$f''(x) = \frac{\mathrm{d}^2 f(x)}{\mathrm{d}x^2} \qquad (3 \cdot 27)$$

一階微分は変化率を表しているので任意の点において接線の傾きを表す．その値が 0 になれば極値を表すことになる（**図3・14**）．また，二階微分の値は接線の傾きの変化率を表すことになるので図 **3・15** に示すように二階微分が正の値であるとき関数は下に凸であることを表しており，負ではその逆に上に凸であることを表している．これらからいくつかの局所的最適解を求め，比較すること

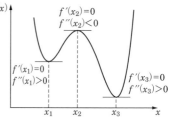

図 3・14 目的関数の極大，極小

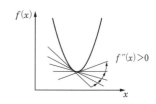

図 3・15 関数の凹凸

で目的関数の最適化を計る．

制約条件がない
場合(その2)

多変数関数においても基本的な概念は同様であり，ここでは $f(\boldsymbol{x})$ の最小化問題として説明する．まず，$f(\boldsymbol{x})$ においてある点 $\boldsymbol{x}^*$ 近傍での変化量を求めるためにテイラー展開すると式(3・28)のようになる（$\Delta\boldsymbol{x}$ は微小なベクトルを表すものとし，図中の記号 T は置換行列を表す）．

$$f(\boldsymbol{x}^* + \Delta\boldsymbol{x}) = f(\boldsymbol{x}^*) + \nabla f(\boldsymbol{x}^*)^{\mathrm{T}}\Delta\boldsymbol{x} + \frac{1}{2}\Delta\boldsymbol{x}^{\mathrm{T}}\nabla^2 f(\boldsymbol{x}^*)\Delta\boldsymbol{x} + \cdots \qquad (3\cdot28)$$

一次近似および二次近似の項に含まれる $\nabla f(\boldsymbol{x}^*)^{\mathrm{T}}$，$\nabla^2 f(\boldsymbol{x}^*)$ はそれぞれ次式で表されるベクトル，行列である．

$$\nabla f(\boldsymbol{x}^*)^{\mathrm{T}} = \left(\frac{\partial f(\boldsymbol{x}^*)}{\partial x_1},\ \frac{\partial f(\boldsymbol{x}^*)}{\partial x_2},\ \cdots,\ \frac{\partial f(\boldsymbol{x}^*)}{\partial x_n'} \right) \qquad (3\cdot29)$$

$$\nabla^2 f(\boldsymbol{x}^*) = H(\boldsymbol{x}^*) = \begin{bmatrix} \dfrac{\partial^2 f(\boldsymbol{x}^*)}{\partial x_1{}^2}, & \dfrac{\partial^2 f(\boldsymbol{x}^*)}{\partial x_1\partial x_2}, & \cdots, & \dfrac{\partial^2 f(\boldsymbol{x}^*)}{\partial x_1\partial x_n} \\[2mm] \dfrac{\partial^2 f(\boldsymbol{x}^*)}{\partial x_2\partial x_1}, & \dfrac{\partial^2 f(\boldsymbol{x}^*)}{\partial x_2{}^2}, & \cdots, & \dfrac{\partial^2 f(\boldsymbol{x}^*)}{\partial x_2\partial x_n} \\[2mm] \vdots & \vdots & \ddots & \vdots \\[2mm] \dfrac{\partial^2 f(\boldsymbol{x}^*)}{\partial x_n\partial x_1}, & \dfrac{\partial^2 f(\boldsymbol{x}^*)}{\partial x_n\partial x_2}, & \cdots, & \dfrac{\partial^2 f(\boldsymbol{x}^*)}{\partial x_n{}^2} \end{bmatrix} \qquad (3\cdot30)$$

式(3・30)中の行列式はヘッセ行列と呼ばれ，$H(\boldsymbol{x}^*)$ とも表す．

ここで点 $\boldsymbol{x}^*$ において局所的最適解になる必要条件の一つは式(3・28)中の第一次近似の項に含まれる $\nabla f(\boldsymbol{x}^*)^{\mathrm{T}} = 0$ となることである．

$$\frac{\partial f(\boldsymbol{x}^*)}{\partial x_1} = \frac{\partial f(\boldsymbol{x}^*)}{\partial x_2} = \cdots = \frac{\partial f(\boldsymbol{x}^*)}{\partial x_n} = 0 \qquad (3\cdot31)$$

これらの連立方程式を解くことにより，特定の点 $\boldsymbol{x}^*$ を求める．このとき，点 $\boldsymbol{x}^*$ は停留点であり，極値を与えるとは言えない．

そこで点 $\boldsymbol{x}^*$ において $f(\boldsymbol{x})$ が極値であることを判定するには，二次近似の項に注目する．すでに点 $\boldsymbol{x}^*$ において一次近似は 0 であることと二次近似よりも後の値を微小であることから無視すると次式のように変形できる．

$$f(\boldsymbol{x}^* + \Delta\boldsymbol{x}) = f(\boldsymbol{x}^*) + \frac{1}{2}\Delta\boldsymbol{x}^{\mathrm{T}}H(\boldsymbol{x}^*)\Delta\boldsymbol{x} \qquad (3\cdot32)$$

式（3・32）からわかることは，点 x^* より任意の方向に少し離れた点 $x^* + \Delta x$ が元の値よりも大きくなるならばその点 x^* の値が極小値をとることである．すなわち二次形式と呼ばれる式（3・33）を満たすことが極小値であることのもう一つの必要条件である．

$$\Delta x^{\mathrm{T}} H(x^*) \Delta x > 0 \tag{3・33}$$

この式を満たすとき $H(x^*)$ は**正定値**であるといい，行列が正定値であることはすべての固有値が正であることと等価である．

式（3・33）を満足するならば式（3・31）によって得られた x^* おいて $f(x^*)$ は極小となる．複数の x^* がある場合は比較して最適解を求める．

One Point n 次行列式の解

$n \times n$ の実対象行列が正定値であるかどうか判定するには，その n 個の固有値を調べればよい．ところが，与えられた行列の固有値を求めようとすると，n 次の代数方程式を解く問題に帰着する．しかし，5 次以上の代数方程式に対する根の公式が存在しない．つまり，ある収束条件を課した反復法を計算の一部に取り入れ，計算機により求めるしかない．

例題1

ある河川の上流に水力発電所の建設計画を立てることになった．発電所の出力 P によって費用 C，便益 B が変化することがわかっている．それらの関係は以下の式で表すとおりである．便益費用差 $B - C$ を最大にする出力 P を求めよ．

$$B = 25P + 50$$
$$C = 1.5P^{1.8}$$

ここに B，C の単位は 10 億円，P の単位は MW である．

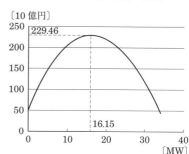

図3・16　発電所の計画出力と便益費用差

【解答】

$B - C$ を目的関数 $f(x)$，$P = x$ として書き改めると

$$f(x) = 25x + 50 - 1.5x^{1.8}$$

となる．$f(x)$ の一階，二階微分を求める．

$$\frac{\mathrm{d}f(x)}{\mathrm{d}x} = 25 - 1.8 \times 1.5x^{0.8} = 25 - 2.7x^{0.8} \tag{3・34}$$

$$\frac{\mathrm{d}^2 f(x)}{(\mathrm{d}x)^2} = 0.8 \times \left[-(2.7x^{-0.2}) \right] \tag{3・35}$$

となる．まず，一階微分の値が 0 となる x を求める．

$$25 - 1.8 \times 1.5x^{0.8} = 25 - 2.7x^{0.8} = 0 \tag{3・36}$$

これを解いて $x = 16.15$ のとき $f(x) = 229.46$ を得る.

次に式(3·34)に $x = 16.15$ を代入する

と $\dfrac{\mathrm{d}^2 f(x)}{(\mathrm{d}x)^2} < 0$ になるので上に凸であり,

$f(x)$ は $x = 16.15$ において極大値をとることがわかる.

これらから出力 $P = 16.15$ MW の発電所を計画するとき, 便益と費用の差が＋229.46〔10億円〕となり, 最も効果的であるといえる.

例題2

ある土木計画を次の式で定式化することができた. 制約条件はないものとして目的関数を最小化せよ.

$$目的関数 f(x_1, x_2) = (x_1{}^2 + x_2)^2 + 4x_1 - 2x_2 \to \min$$

【解答】

$$\frac{\partial f(x_1, x_2)}{\partial x_1} = 4x_1(x_1{}^2 + x_2) + 4 = 0$$

$$\frac{\partial f(x_1, x_2)}{\partial x_2} = 2(x_1{}^2 + x_2) - 2 = 0$$

これらの式を満たす値を求めると次のようになる.

$$x^* = (x_1, x_2) = (-1, 0)$$

次に $f(x_1, x_2)$ の二階微分を求める.

$$\frac{\partial^2 f(x_1, x_2)}{\partial x_1{}^2} = 12x_1{}^2 + 4x_2$$

$$\frac{\partial^2 f(x_1, x_2)}{\partial x_1 \partial x_2} = 4x_1$$

$$\frac{\partial^2 f(x_1, x_2)}{\partial x_2 \partial x_1} = 4x_1$$

$$\frac{\partial^2 f(x_1, x_2)}{\partial x_2{}^2} = 2$$

これらを用いてヘッセ行列を表すと次のようになる.

$$H(x) = \begin{bmatrix} 12x_1{}^2 + 4x_2 & 4x_1 \\ 4x_1 & 2 \end{bmatrix}$$

ここで先に求めた x^* を代入し, 任意の $\Delta x (\neq 0)$ に対して二次形式を求める.

$$\Delta x^{\mathrm{T}} H(x^*) \Delta x = (\Delta x_1, \Delta x_2) \begin{bmatrix} 12 & -4 \\ -4 & 2 \end{bmatrix} \begin{pmatrix} \Delta x_1 \\ \Delta x_2 \end{pmatrix}$$

ここで $\Delta x^{\mathrm{T}} H(x^*) \Delta x > 0$ となることは $H(x^*)$ が正定値であることであり, 同時に $H(x^*)$ の固有値が正であればよい. 固有値 λ は次の固有方程式を満たす値となる.

$$\det(H(x^*) - \lambda E) = \det\left(\begin{bmatrix} 12 & -4 \\ -4 & 2 \end{bmatrix} - \lambda \begin{bmatrix} 1 & 0 \\ 0 & 1 \end{bmatrix} \right) = \begin{vmatrix} 12-\lambda & -4 \\ -4 & 2-\lambda \end{vmatrix} = 0$$

$$\lambda^2 - 14\lambda + 8 = 0$$

$$\lambda = 7 \pm \sqrt{41} > 0$$

したがって $x^* = (-1, 0)$ において極小値をとることがわかる.

目的関数は $f(-1, 0) = -3$ の最小値をとる.

9

物理学の解法を
土木計画にも
利用せよ

等式制約条件の
場合

目的関数　$f(\boldsymbol{x}) \to$ min or max

制約条件　$g_i(\boldsymbol{x}) = 0$　$(i = 1, 2, \cdots, m)$

上記のような最適化を考える場合の一つの手法として

ラグランジュの未定乗数法がある.

まず，目的関数 $f(\boldsymbol{x})$ に制約条件 $g_i(\boldsymbol{x})$ と未定乗数 λ_i の積を合わせたラグランジュ関数 L を定義する.

$$L(\boldsymbol{x}, \boldsymbol{\lambda}) = f(\boldsymbol{x}) - \sum_{i=1}^{m} \lambda_i g_i(\boldsymbol{x}) \tag{3・37}$$

ここに $\boldsymbol{\lambda}$ は λ_i を要素とするベクトルである.

次に変数 x_i と未定乗数 λ_i で偏微分した式を求める.

$$\frac{\partial L(\boldsymbol{x}, \boldsymbol{\lambda})}{\partial x_1} = \frac{\partial f(\boldsymbol{x})}{\partial x_1} - \sum_{i=1}^{m} \lambda_i \frac{\partial g_i(\boldsymbol{x})}{\partial x_1} = 0$$

$$\frac{\partial L(\boldsymbol{x}, \boldsymbol{\lambda})}{\partial x_2} = \frac{\partial f(\boldsymbol{x})}{\partial x_2} - \sum_{i=1}^{m} \lambda_i \frac{\partial g_i(\boldsymbol{x})}{\partial x_2} = 0$$

$$\frac{\partial L(\boldsymbol{x}, \boldsymbol{\lambda})}{\partial x_n} = \frac{\partial f(\boldsymbol{x})}{\partial x_n} - \sum_{i=1}^{m} \lambda_i \frac{\partial g_i(\boldsymbol{x})}{\partial x_n} = 0$$

$$\frac{\partial L(\boldsymbol{x}, \boldsymbol{\lambda})}{\partial \lambda_1} = -g_1(\boldsymbol{x}) = 0$$

$$\frac{\partial L(\boldsymbol{x}, \boldsymbol{\lambda})}{\partial \lambda_2} = -g_2(\boldsymbol{x}) = 0$$

$$\frac{\partial L(\boldsymbol{x}, \boldsymbol{\lambda})}{\partial \lambda_m} = -g_m(\boldsymbol{x}) = 0$$

これらの連立方程式を解くことで局所的最適解を得ることができる. 得られる

値は局所的最適解なので，いくつかの値を比較することでの最適解を決定する必要がある．ただし，$L(x, \lambda)$ が凸関数なり，凹関数であることが保証されていれば，最適解が得られることになる．

例題

図 **3·17** に示す地域に A，B，C の 3 市があり，人口はそれぞれ 20，15，25 万人である．また，A 市役所を基準にして A，B，C の中心部を座標で表すと $(0, 0)$，$(2, 5)$，$(6, 3)$ となる．この地域に高速道路を計画しており，その路線を座標上で表すと

$$(x-3)^2 - 5y + 15 = 0 \qquad (3 \cdot 38)$$

で近似される．この地域にインターチェンジを設けるとすればどこにすればよいか．ただし，人口を P_i，インターチェンジと市の中心部との距離を D_i としたとき

$$\sum P_i D_i^2 \rightarrow \min \qquad (3 \cdot 39)$$

となることが最適と考える．この問題を定式化し，ラグランジュの未定乗数法によって最適解を求めよ．

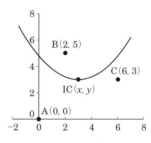

図 3·17　各都市とインターチェンジの位置関係

【解答】

インターチェンジは道路上にあるので制約条件は式(3·38)となり，インターチェンジの座標を (x, y) とすれば目的関数を次のように表すことができる．

$$f(x, y) = 20(x^2 + y^2) + 15\{(x-2)^2 + (y-5)^2\}$$
$$+ 25\{(x-6)^2 + (y-3)^2\} \qquad (3 \cdot 40)$$

したがって等式の制約条件下で目的関数を最小化する非線形問題となる．

ラグランジュの未定乗数法を用いて解くので，ラグランジュ関数を次のように定義する．

$$L(x, y, \lambda) = 20(x^2 + y^2) + 15\{(x-2)^2 + (y-5)^2\} + 25\{(x-6)^2 + (y-3)^2\}$$
$$- \lambda\{(x-3)^2 - 5y + 15\}$$

$$\partial L / \partial x = 40x + 30(x-2) + 50(x-6) - 2\lambda(x-3) = 0 \qquad (3 \cdot 41)$$
$$\partial L / \partial y = 40y + 30(y-5) + 50(y-3) + 5\lambda = 0 \qquad (3 \cdot 42)$$
$$\partial L / \partial \lambda = -(x-3)^2 + 5y - 15 = 0 \qquad (3 \cdot 43)$$

式(3·41)，(3·42)，(3·43)を整理して

$$(x-3)(60 - \lambda) = 0 \qquad (3 \cdot 44)$$
$$24y - 60 + \lambda = 0 \qquad (3 \cdot 45)$$
$$(x-3)^2 - 5y + 15 = 0 \qquad (3 \cdot 46)$$

これらを解いて

$$x = 3, \quad y = 3$$

を得る．したがってインターチェンジの最適な座標は $(3, 3)$ となる．

10

費用も利益も
みんなのもの
徹底的に調査せよ

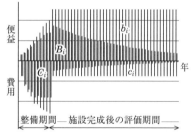

費用便益分析　　費用には用地費，補償費，建設費，運営費，維持管理費などが考えられる．便益とは直接的な収益（利用料金）以外に，道路建設では走行時間の短縮や走行経費の減少などを貨幣換算した額になり，治水事業では被害軽減額がこれにあたる．建設プロジェクトは長年にわたり社会に影響を与えるため評価期間と**社会的割引率**（利率）を設定して，各年ごとの費用，便益を現在価値に換算して合計したものが分析の対象になる．

各年の費用 c_i，便益を b_i，それらの現在価値を C_i，B_i とし，評価期間 t 年で費用 C，便益 B をそれぞれ求めると

$$C = c_1 + \frac{c_2}{1+r} + \frac{c_3}{(1+r)^2} + \cdots + \frac{c_t}{(1+r)^{t-1}} \tag{3・47}$$

$$B = b_1 + \frac{b_2}{1+r} + \frac{b_3}{(1+r)^2} + \cdots + \frac{b_t}{(1+r)^{t-1}} \tag{3・48}$$

となる．

図 3・18　年次ごとの費用と便益

ここに i は現在を 1 年目とした年数を表し，r は社会的割引率を表す．国土交通省では国債の実質利回りを参考にして，社会的割引率を 4% としている．

ただし，実際の計算は初期投資や残存価値を考慮するなど少し複雑になるので章のまとめの問題を参考にしてもらいたい．

評価指標　　費用と便益が算定されれば，これらを用いて建設プロジェクトを評価する．費用に対して便益が多いプロジェクトが良いことはいうまでもないが，プロジェクトに対しての投資効率性を評価する指標としていくつかの表し方がある．

■ **純現在価値**（NPV: net present value）

$$\text{NPV} = B - C$$

　純現在価値は大きければ大きいほど建設プロジェクトが有益である．純現在価値は費用の大きい大型プロジェクトで大きくなる傾向にある．

■ **費用便益比**（CBR: cost benefit ratio）

$$\text{CBR} = B/C$$

　費用便益比は大きいほど建設プロジェクトの投資効率が良いことを表す．

■ **経済的内部収益率**（EIRR: economic internal rate of return）

　評価期間で B と C が等しくなる社会的割引率である．すなわち

$$\sum_{i=1}^{t} \frac{b_i - c_i}{(1 + r_0)^{i-1}} = 0$$

これを満たす r_0 が経済的内部収益率である．建設プロジェクトは一般

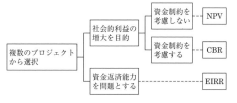

図 3・19　評価指標の適用

的に施設の完成後，便益が費用を超える場合が多い．社会的割引率を大きくとると将来の便益を過小評価することになるので，r_0 をできるだけ大きくとれるプロジェクトが費用の回収が早くできる効果的なプロジェクトであるといえる．

　複数のプロジェクトを比較する場合にはそれぞれの特徴を考慮して**図 3・19** に示すような基準を主に評価することが有効である．ただし，国土交通省では投資効率性をさまざまな視点から判断できる環境を整え，事業評価結果の透明性を高めるため，NPV，CBR，EIRR の 3 指標をすべて示す必要があるとしている．

> **残存価値**

建設プロジェクトの評価期間を過ぎても施設の適切な維持管理によって効果を存続し続けると考えられる．この場合，評価期間以降に発生する純便益を**残存価値**として便益に計上する．評価期間以降の純便益は次式で表される．

$$（純便益）= \sum_{t=T+1}^{\infty} \frac{(B_t - C_t)}{(1 + r)^{t-1}}$$

　ただし，T：評価期間，r：社会的割引率，B_t：t 年次の便益，C_t：t 年次の費用とする．また，評価期間末に発生する純便益を計測することが実務的に困難な場合には評価期間末の資産の額を残存価値としてもよい．

11

土木事業 その価値いくら？

How much ?

便益の算出

建設プロジェクトを実施する場合，費用の計算は比較的容易にできるのだが，便益の計算は容易ではない．なぜなら，直接的効果以外に二次的効果を考慮したり，効果の重複を避けたり，貨幣換算の方法に予測や仮定が含まれているからである．その例として，道路事業と治水事業についての便益を算出する際の概略を以下に示す．

道路事業の 便益計算

道路建設に伴う便益には走行時間の短縮，走行経費の減少，交通事故の減少などが考えられる．これらを算出するには，対象路線について交通需要予測を行い，交通量や短縮できる時間などを予測する．その値を用いて以下のように考える．

① 走行時間短縮便益（BT）

$$BT = \boxed{車両1台当たりの時間価値} \times \boxed{短縮時間} \times \boxed{交通量}$$

乗用車 41.02 円/分・台，バス 386.16 円/分・台
（令和 2 年価格）

② 走行経費減少便益（BR）

$$BR = \boxed{道路整備による走行経費の減少} \times \boxed{走行距離} \times \boxed{交通量}$$

燃料，油脂（オイル）費，タイヤ費，
車両整備費，車両償却費等

③ 交通事故減少便益（BA）

$$BA = \boxed{道路整備による交通事故件数の減少} \times \boxed{交通事故1件当たり平均損失額}$$

車線数，交差点数，距離，
交通量などにより決まる．

人的損害額，物的損害額，
事故渋滞による損害額

これら 3 便益を合わせて**総便益**としている．

実際には道路の整備，改良が行われる場合（with）と行われない場合（without）

について総走行時間費用（BT_{with}, $BT_{without}$），総走行費用（BR_{with}, $BR_{without}$），交通事故の社会的損失（BA_{with}, $BA_{without}$）を求め，その差をとってそれぞれの便益とする．

治水事業の便益は，河川整備を行った場合（with）と行わなかった場合（without）の被害額を求めて，その差（被害軽減額）によって表される．

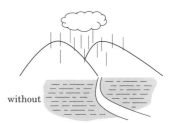

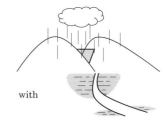

図3・20 氾濫シミュレーション
のイメージ

最初に，被害額の算出は河川整備を行った場合と行わなかった場合のそれぞれについて，各確率規模の洪水による**氾濫シミュレーション**を実施する（各確率規模の洪水：1/5, 1/10, 1/30, 1/50, 1/100, 1/150 と表し，1/5 は5年に1回の確率で起きる洪水規模を表す）．

氾濫シミュレーションに基づいて，被害を想定する．被害には浸水による家屋や家具，車の被害，農作物の被害などの直接被害と生産活動の停止や公共・公益サービスの停止，被害の応急対策などの間接被害がある．これらを貨幣換算して**想定被害額**を求める．その値を用いて確率規模別の被害軽減額を求める．

（確率規模別被害軽減額）＝（事業実施前想定被害額）−（事業実施後想定被害額）

確率規模別の被害軽減額に生起確率を乗ずることにより期待値に換算する．これらを計画対象規模の洪水に対する期待値までを累計することにより**年平均被害軽減期待額**を求める．

（年平均被害軽減期待額）＝ $\sum$（確率規模別被害軽減額 × 生起確率）

これに，評価対象期間終了時点での堤防，水路，護岸，ダムなどの残存価値を加えて総便益を算出する．

氾濫シミュレーションの実施 → 想定被害額の算出 → 年平均被害軽減額の算出 → 総便益

残存価値を加算

12

工事を操る
ネットワークを
つくれ！

> **建設プロジェクト
> の工程管理**

建設工事を工期内に品質を確保しながら，経済的に施工するには工程管理が必要となる．これらは建設プロジェクトにかかわる詳細かつ短期の計画と考えられる．工程管理にはいくつかの方法が考案されているが，工期や費用の検討もできる方法としてネットワーク式工程管理を説明する．

> **ネットワーク式
> 工程表**

図 3・21 のように工事の流れを矢線を使って表したものがネットワーク式工程表である．

この工程表はネットワーク表示により作業相互の関連や順序，施工時期，重点管理を要する作業を明確にできる特徴がある．

図中の矢線（→）は作業を表し，作業を**アクティビティ**または**ジョブ**と呼ぶ．作業名を矢線の上に記し，時間（所要日数）を矢線の下に記す．また，矢線のうち破線で表されるものは作業の前後関係を表すために必要な擬似作業で**ダミー**（ジョブ）と呼ばれ作業名，時間ともに記さない．○印は作業間の結合点を表し，**イベント**または**ノード**と呼ぶ．○の中にある番号は結合点番号で矢線の進む方向に向かって数字が大きくなるように決める．

図 3・21　ネットワーク式工程表

表 3・10　作業リスト

> **ネットワーク
> 作成手順**

ネットワーク式工程表を作成するには，工事を独立した作業に分解し，作業の前後関係と作業に要する日数を作業リストにまとめる（**表 3・10**）．

先行作業	No.	作業名	所要日数	後続作業
	1	A	6	3，4，5
	2	B	5	4，5
1	3	C	10	6
1，2	4	D	18	6
1，2	5	E	15	7
3，4	6	F	19	
5	7	G	15	

① 各作業を○—○と表す。左側の○は開始点，右側の○は完了点を表す。作業リストから作業の順番をみて早いと思われるものを左から並べる（**図3・22**）。

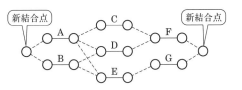

図3・22 作業の配置 　　　図3・23 擬似作業による作業の結合

② 先行作業と後続作業の関係を破線で結ぶ。ただし，先行作業のない作業（A，B）の開始点の左側に結合点を作り開始点を一つにまとめる。完了点も同様に後続作業のない作業（F，G）の右側に結合点をつくり一つにまとめる。（**図3・23**）

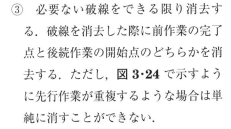

③ 必要ない破線をできる限り消去する。破線を消去した際に前作業の完了点と後続作業の開始点のどちらかを消去する。ただし，**図3・24**で示すように先行作業が重複するような場合は単純に消すことができない。

図3・24 結合点と擬似作業の削除（1）

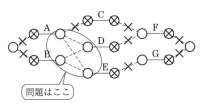

図3・25 結合点と擬似作業の削除（2）

④ **図3・25**に示すように先行作業が同じになる作業D，Eの開始点を一つにまとめる。後は不必要な結合点と擬似作業を消去する。残った破線がダミーとなる（**図3・26**）。

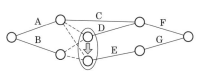

図3・26 結合点と擬似作業の削除（3）

⑤ 見やすい形に整えて，結合点に番号を書き入れる。ここでは連続番号にしたが飛び番号でもよい。さらに矢線の下側に所要日数を書き入れてネットワーク式工程表が完成する（**図3・27**）。

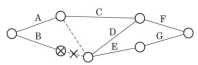

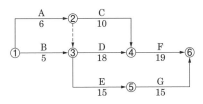

図3・27 ネットワーク図の完成

13
工期を探れ
最重要経路を
探しだせ！

| 工期の決定 |

図 **3・28** は結合点 i と j およびその間の作業 (ij)，作業日数 T_{ij} を表している．また，各作業において最も作業が早く始められる時刻を**最早開始時刻**（EST: earliest start time）といい図中に t_i^E と表している．各結合点の前作業が最も早く終わる時刻を**最早完了時刻**（EFT: earliest finish time）といい，図 3・28 では i の最早開始時刻に作業 (ij) の所要日数を加えた $t_i^E + T_{ij}$ として求められる．ただし，前作業が複数ある場合はすべての作業の完了を待つ必要があるので最も大きい時刻を最早完了時刻とする．したがって，その前作業の最も大きい最早完了時刻が次の作業の最早開始時刻となる．これらを順次計算して，各結合点の最早完了時刻を求めた結果，完了結合点での最早完了時刻が工期となる．その例を**図 3・29**に示す．

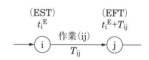

図 3・28 最早開始時刻と最早完了時刻の関係

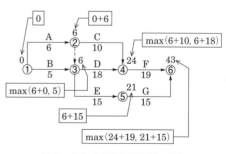

図 3・29 最早完了時刻の計算

| クリティカルパス |

各作業は並行して進行できる作業もあるが，開始可能な時間を同じくする作業でも所要日数は同じではない．したがって，日数に余裕のある作業もあれば，そうでない作業もある．工期を求めるときに最早開始時刻をたどっているので，余裕をもたない作業の

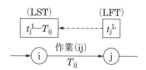

図 3・30 最遅完了時刻と最遅開始時刻の関係

連続となる経路が1本以上あるはずである．この経路を**クリティカルパス**といい，工期を左右する最重要経路である．クリティカルパスを探すためには**総余裕日数**（TF，トータルフロート）が0となる経路を探せばよい．総余裕日数を求めるにはその作業の**最遅完了時刻**（LFT: latest finish time）を知る必要がある．最遅完了時刻とはその作業が工期を延ばさない範囲で最も遅い時間の完了日のことである．**図3・30**に示すように後続の結合点の最遅完了時刻より所要日数を減じ作業の**最遅開始時刻**（LST: latest start time）を求める．後続作業が単独の場合はこの最遅開始時刻が先行作業の最遅完了時刻となり，後続作業が複数ある場合には最小値を最遅完了時刻とする．その計算例を**図3・31**に示す．

ここで最早開始時刻および最遅完了時刻が図中の各結合点にすべて書き込まれたことになる．トータルフロートは作業（ij）に充てられる全日数 $t_j^L - t_i^E$ と作業（ij）の所要日数 T_{ij} の差で求められる．**図3・32**にトータルフロートの求め方を表す．

図3・33にすべての作業におけるトータルフロートを表す．開始結合点から完了結合点までトータルフロートが0すなわちクリティカルな作業の連続となっている経路をみつける．図において太い実線で表す①→②→③→④→⑥の経路がクリティカルパスとなる．

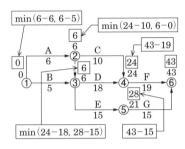

図3・31　最遅完了時刻の計算

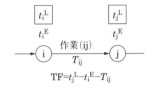

$$TF = t_j^L - t_i^E - T_{ij}$$

図3・32　総余裕日数の計算

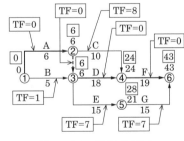

図3・33　総余裕日数とクリティカルパス

| PERT |

このようにネットワーク図を用いて，工期計算や余裕日数，クリティカルパスを求めるといった解析を**PERT**（program evaluation and review technique）という．

14
お金をかければ
短縮可能！

工期の短縮

工期の短縮を考える場合，最初に与えられた作業の所要時間とは別に**特急所要時間**（crash time）と短縮に伴う費用増加を明確にする必要がある．

特急所要時間は作業人員の増加，夜間の作業，作業能力の高い機械の導入などにより時間短縮を試みた際の作業日数である．また，所要日数を最短にするために必要な追加費用を求め，これを短縮日数1日当たりに換算し，**費用勾配**（cost slope）を求める（**表 3・11**）．

表3・11 特急時間と費用勾配

作業	所要時間 D	特急時間 d	増加費用〔円〕	費用勾配 C〔円／日〕
A	6	3	21	7
B	5	3	20	10
C	10	8	20	10
D	18	10	40	5
E	15	10	40	8
F	19	8	33	3
G	15	5	40	4

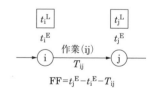

$$FF = t_j{}^E - t_i{}^E - T_{ij}$$

図3・34 自由余裕日数の計算

フリーフロート

さらに工期の短縮を考える場合には**自由余裕日数**（FF，フリーフロート）を求める必要がある．フリーフロートは**図3・34**に示すように後続作業の最早開始時刻 $t_j{}^E$ とその作業の最早開始時刻 $t_i{}^E$ の差から作業時間 T_{ij} を差し引いた値となる．すなわち後続作業に影響を与えない余裕日数である．

ここで標準の所要時間 D，特急所

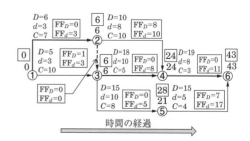

図3・35 各作業のフリーフロート

要時間 d,費用勾配 C としてネットワーク図に書き入れる(**図 3・35**).また,標準の所要日数を用いて求めたフリーフロート FF_D とし,特急所要時間を用いて求めたフリーフロートを FF_d として書き入れる.

工期短縮は単独の作業を短縮したからといって必ずしもできるものではなく,各作業の関連を考えながら合理的に短縮していかなければならない.

短縮断面

まずクリティカルパスが工期を決定しているので,これらの作業を短縮せずに工期短縮はできない.したがって,クリティカルな作業を含みプロジェクト全体を分断する.**図 3・36** に示すように分断する線はいくつかあるが,$\mathrm{FF}_d = 0$ の作業は短縮不可能であるため短縮計算対象外となる.図に示す例では擬似作業 ② → ③ がこれに相当しており,断面 Ⅵ の線は考えない.短縮の過程で $\mathrm{FF}_d = 0$ になる場合も同様,その作業は短縮できないことを表している.

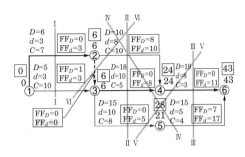

図 3・36　短縮断面の例

次に断面 Ⅰ〜Ⅴ の線で短縮可能であるが作業ごとに追加費用が違う.したがって,最も経済的な短縮を考えなければならない.そこで考慮すべきは FF_D と費用勾配 C である.FF_D が 0 でない作業は,その日数分は追加費用なしに短縮可能である.また,費用勾配が小さいほど短縮に伴う費用増加は少ない.ただし,プロジェクトを分断する線にかかったすべての作業で考える必要がある.

短縮の過程

＜step 1＞

FF_D や費用勾配を各断面で比較すると断面 Ⅲ での短縮が最も効果的であることがわかる.断面 Ⅲ において 7 日短縮.

⑤ → ⑥ $\mathrm{FF}_D = 7$.

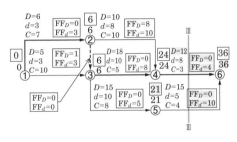

図 3・37　step 1

土木の歴史　国土計画　数理的計画論　交　通　治　水　利　水　都市計画　環境保全　防　災

⑤ → ⑥には追加費用なし.

④ → ⑥費用勾配 $C = 3$ 万円/日

$$\boxed{追加費用　3 \times 7 = +21 \text{万円}}$$

　この短縮により関係する時間の変化を**図 3·37** に示す．工期は 36 日となった．また，③ → ⑤，⑤ → ⑥のトータルフロートが 0 となったのでこの経路もクリティカルパスとなる．

＜step 2＞（図3·38）

　断面 Ⅲ において 4 日の短縮

④ → ⑥費用勾配 $C = 3$ 万円/日

⑤ → ⑥費用勾配 $C = 4$ 万円/日

$$\boxed{追加費用(3 + 4) \times 4 = +28 \text{万円}}$$

　工期は 32 日となった．

＜step 3＞（図3·39）

　断面 Ⅰ において 1 日の短縮

① → ③ $FF_D = 1$

① → ③には追加費用なし.

① → ②費用勾配 $C = 7$ 万円/日

$$\boxed{追加費用　7 \times 1 = +7 \text{万円}}$$

　工期は 31 日となった．

　ここで① → ③のトータルフロートが 0 となり，この作業もクリティカルパスとなった．

＜step 4＞（図3·40）

　断面 Ⅳ において 6 日の短縮

② → ④ $FF_D = 8$

② → ④には追加費用なし.

③ → ④費用勾配 $C = 5$ 万円/日

⑤ → ⑥費用勾配 $C = 4$ 万円/日

$$\boxed{追加費用(5 + 4) \times 6 = +54 \text{万円}}$$

　工期は 25 日となった．

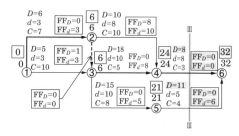

図 3·38　step 2

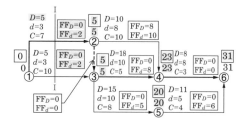

図 3·39　step 3

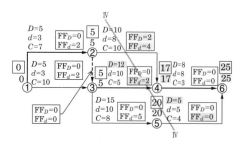

図 3·40　step 4

<step 5>（図3・41）

断面Ⅱにおいて2日の短縮

②→④ $FF_D = 2$

②→④には追加費用なし.

③→④費用勾配 $C = 5$ 万円/日

③→⑤費用勾配 $C = 8$ 万円/日

追加費用$(5 + 8) \times 2 = +26$ 万円

工期は23日となった.

<step 6>（図3・42）

断面Ⅰにおいて2日の短縮

①→②費用勾配 $C = 7$ 万円/日

①→③費用勾配 $C = 10$ 万円/日

追加費用$(7 + 10) \times 2 = +34$ 万円

工期は21日となった.

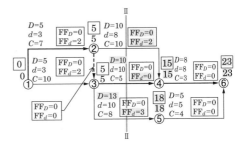

図3・41　step 5

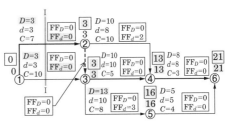

図3・42　step 6

プロジェクト費用曲線

ここまで経済的に短縮するため，費用勾配の小さい順番に短縮を考えてきた. この建設プロジェクトの初期費用（短縮をしない場合にかかる費用）を仮に300万円とすると工期と費用の関係は**図3・43**のように表すことができる. これを**プロジェクト費用曲線**といい，工期短縮を考える判断材料となる.

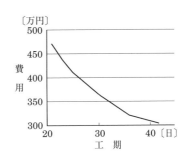

図3・43　プロジェクト費用曲線

CPM

PERTで分析した結果と特急所要時間や費用勾配からプロジェクト費用曲線を考え，これを使って合理的に工期短縮を行う手法を**CPM**（critical path method）という.

3章のまとめの問題

【問題1】 ある地域で震度 5 以上の被害地震が平均で 10 年に 3 回起きている．地震の発生確率がポアソン分布に従うとすれば，次の確率はいくらか．

(1) 5 年間被害地震が起きない確率

(2) 5 年間被害地震が 1 回以上起きる確率

【解答】 (1) 5 年間に被害地震が起きる平均回数は 1.5 回

ポアソン分布に従うので式 $f(x) = \dfrac{\lambda^x e^{-\lambda}}{x!}$ において $\lambda = 1.5, x = 0$ として計算すると

確率密度 $f(0) = 0.223$，確率 $P_r(0) = 0.223$ となる．

(2) (1)より 5 年間に地震が一度も起きない確率が求められたので

確率 $P_r(x \geqq 1) = (1 - 0.223 =)\, 0.777$ となる．

【問題2】 ある交差点の右折車線の設計を考える．調査により 1 時間当たりの右折車数が 120 台発生していることがわかった．信号機の周期を 1 分間とし，右折車線は全時間の 96% について十分な長さをもつように設計したい．ただし，右折車の発生確率はポアソン分布に従い，車頭間隔は 7 m として計算せよ．

【解答】 1 分間に生じる右折車数の平均台数は 2 台である．したがって確率密度関数 $f(x) = \dfrac{\lambda^x e^{-\lambda}}{x!}$ の $\lambda = 2$ として考える．右折車が全時間の 96% に対して十分な長さをもつということは右折車 0 台の確率から 1, 2, …，台の確率を合わせて 96% を超える右折車の台数を求めればよい．したがって

$$P_r(X_t \leqq k) = \sum_{x=0}^{k} \frac{2^x e^{-2}}{x!} = 0.96$$

を満たす k を求めればよいことになる．試行錯誤的に数字を当てはめてみると

$$P_r(X_t \leqq 4) = 0.95, \quad P_r(X_t \leqq 5) = 0.98$$

となるので設計基準を満たすには 5 台分の長さが必要になるので右折車線長 L は

$$L = 7 \times 5 = 35 \text{ m}$$

が必要となる．

【問題3】 ある工場で製品 1 と製品 2 を生産している．それぞれの製品をつくるためには材料 A と材料 B が必要となる．表 3·12 に製品 1, 2 をつくるのに必要な量と製品 1, 2

表 3·12 材料の制限と製品の利益率

| | 製品をつくるのに必要な量（単位） | | 材料の利用上限 |
	製品 1	製品 2	
材料 A	2	6	18
材料 B	6	3	24
利益（百万円/単位）	4	5	

を 1 単位つくったときの利益と材料の利用上限を示す．製品 1，2 の製造量を x_1，x_2 とし，利益の合計を z とするとき，利益が最大となる x_1，x_2 および z を求めよ．

【解答】 シンプレックス法を用いて解く．スラック変数 λ_1，λ_2 を用いて材料 A，B の使用料と利用上限の関係，製造量と利益の関係を定式化すると

$$2x_1 + 6x_2 + \lambda_1 \qquad\qquad = 18 \qquad\qquad ①$$
$$6x_1 + 3x_2 \qquad\quad + \lambda_2 = 24 \qquad\qquad ②$$
$$z = 4x_1 + 5x_2 \;\rightarrow\; z - 4x_1 - 5x_2 = 0 \qquad ③$$

となる．

式①，②，③ をシンプレックス法で解く．

$x_1 = 3$，$x_2 = 2$ を製造したとき利益 220 万円で最大となる（3-5，3-6 節の図式解法やガウスジョルダンの消去法でも解いてみよう）．

表 3・13　シンプレックス表

サイクル	基底変数	規定解	変数 x_1	x_2	λ_1	λ_2	θ	式
	λ_1	18	2	6	1	0	3	①
0	λ_2	24	6	3	0	1	8	②
	z	0	-4	-5	0	0		③
	x_2	3	1/3	1	1/6	0	9	④$=1/6×$①
1	λ_2	15	5	0	$-1/2$	1	3	⑤$=$②$-3×$④
	z	15	$-7/3$	0	5/6	0		⑥$=$③$+5×$④
	x_2	2	0	1	1/5	$-1/15$		⑦$=$④$-1/3×$⑧
2	x_1	3	1	0	$-1/10$	1/5		⑧$=1/5×$⑤
	z	22	0	0	3/5	7/15		⑨$=$⑥$+7/3×$⑧

【問題4】 図 3・44 に示す楕円で近似される土地に長方形の構造物を建設する．構造物の建築面積を最大にする x_1，x_2 およびその面積をラグランジュの未定乗数法を用いて求めよ．

【解答】 図より長方形の面積を $f(x_1, x_2)$ とすると

$$f(x_1, x_2) = 4x_1 x_2 \qquad\qquad ①$$

と表される．また，楕円の公式は

$$\frac{x_1^2}{20^2} + \frac{x_2^2}{10^2} = 1 \qquad\qquad ②$$

と表すことができる．

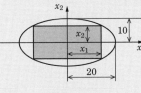

図 3・44

式①の x_1，x_2 は式②の上になくてはならないので，この問題は次のようになる．

目的関数　$f(x_1, x_2) = 4x_1 x_2 \rightarrow \max$

制約条件　$g(x_1, x_2) = \dfrac{x_1^2}{20^2} + \dfrac{x_2^2}{10^2} - 1 = 0$

最大化問題を最小化にするため目的関数に -1 を乗じ，ラグランジュ関数を次のように定義する．

$$L(x_1, x_2, \lambda) = -4x_1 x_2 - \lambda\left(\frac{x_1^2}{20^2} + \frac{x_2^2}{10^2} - 1\right)$$

これをそれぞれの変数で偏微分して以下の式を得る.

$$\frac{\partial L}{\partial x_1} = -4x_2 - \frac{\lambda}{200}x_1 = 0 \tag{③}$$

$$\frac{\partial L}{\partial x_2} = -4x_1 - \frac{\lambda}{50}x_2 = 0 \tag{④}$$

$$\frac{\partial L}{\partial \lambda} = -\left(\frac{x_1^2}{20^2} + \frac{x_2^2}{10^2} - 1\right) = 0 \tag{⑤}$$

式③, ④, ⑤の連立方程式を解いて
$$x_1 = 10\sqrt{2} \qquad x_2 = 5\sqrt{2} \qquad f(x_1,\ x_2) = 400$$

【問題5】 ある土木事業を計画している. ①, ②, ③の3種類の代替案があり, それぞれの建設費, 完成後の維持管理費, 年間の収益および建設完了より30年後の残存価値が表3・14に示すように予測されている. 供用開始時を基準時点として総便益 B および総費用 C を求めよ. また, 純現在価値, 費用便益比を求め比較せよ. ただし, 表内の値は供用開始時の値であり, 社会的割引率を4%とする. なお, 供用開始前の建設費については割引率やデフレーター（時間経過による価値の変化を現在価値に換算するための価格指数）を考慮せず, そのまま用いるものとする.

表3・14 経費と利益

代替案	建設費〔億円〕	維持管理費〔億円/年〕	年間収益〔億円/年〕	残存価値〔億円〕
①	300	25	50	50
②	500	20	50	100
③	700	30	80	120

【解答】 ①の場合（表計算ソフトを用いて計算）

$$B_1 = \sum_{i=1}^{30} \frac{50}{(1+0.04)^{i-1}} + \frac{50}{(1+0.04)^{30}} = 915$$

$$C_1 = 300 + \sum_{i=1}^{30} \frac{25}{(1+0.04)^{i-1}} = 750$$

$$\text{NPV}_1 = B_1 - C_1 = 165$$

$$\text{CBR}_1 = B_1/C_1 = 1.22$$

②, ③も同様に計算した結果を表3・15に示す.

表3・15 費用と便益

代替案	便益〔億円〕	費用〔億円〕	B−C〔億円〕	B/C
①	915	750	165	1.22
②	930	860	70	1.08
③	1476	1240	236	1.19

4章

交　通

　古代から文明の栄えた都市は，人の交流や物資の交換が盛んに行われ，交通機関が発達してきた．また，自然災害から生活を守り，生活の基盤を支える施設もたくさんつくられてきた．

　この章では日常生活に必要な社会基盤施設である交通施設について学ぶ．

　交通施設には，道路，鉄道，港湾，空港，人工島などがある．

　下図は，一国の政治・経済などの中枢機能の集まった都市の交通の要衝となっている東京駅赤レンガ駅舎であり，2012年10月復元工事を終えたものである．

　1914年創建（設計：辰野金吾氏），2003年国の重要文化財に指定，大正時代の構造物であり，復元には免震工法が採用された．

　東京駅は，日本の玄関口として大正時代から国の近代化の象徴としての役割を果たしている．

東京駅（提供：木原芳樹氏）

1

快適で安全なドライブを支える道路

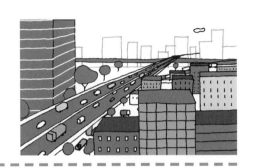

道路の種類と区分　道路法による道路には，**高速自動車国道・一般国道・都道府県道・市長村道**の４種類がある．また，「道路構造令」では，道路をその重要性や計画交通量，通過する地域やその地形から，第１種から第４種までの４区分に分け，それぞれの設計速度に応じた構造が規定されている．

■ 道路法で定める道路

表４・１　道路の種類[1]

道路の種類		定　義	道路管理者	費用負担
高速自動車国道		全国的な自動車交通網の枢要部分を構成し，かつ政治・経済・文化上特に重要な地域を連絡する道路その他国の利害に特に重大な関係を有する道路　【高速自動車国道法第４条】	国土交通大臣	高速道路会社（国，都道府県〈政令市〉）
一般国道	直轄国道（指定区間）	高速自動車国道とあわせて全国的な幹線道路網を構成し，かつ一定の法定要件に該当する道路　【道路法第５条】	国土交通大臣	国都道府県（政令市）
	補助国道（指定区間外）		都府県（政令市）	国都府県（政令市）
都道府県道		地方的な幹線道路網を構成し，かつ一定の法定要件に該当する道路　【道路法第７条】	都道府県（政令市）	都道府県（政令市）
市町村道		市町村の区域内に存する道路　【道路法第８条】	市町村	市町村

※高速道路機構および高速道路株式会社が事業主体となる高速自動車国道については，料金収入により建設・管理等がなされる．
※高速自動車国道の（　）書きについては新直轄方式により整備する区間．
※補助国道，都道府県道，主要地方道および市町村道について，国は必要がある場合に道路管理者に補助することができる．

道路の施設　道路には，人や自動車が安全に，かつ快適に通行できるようにするための種々の施設がある．

　道路本体（切土，盛土，舗装），構造物（橋，トンネル，水路横断部，小径横断部等），付帯施設（歩道，ガードレール，分離帯，照明，信号，標識），中継施設（インターチェンジ，ジャンクション，バスストップ，バスターミナル）などである．

道路の構造設計　道路の構造は，幹線道路から旧道の生活道路に至るまで，その目的に応じて，「道路構造令」の区分に従って設

計される．平面形や縦断形の設計基準は，設計速度によって決まることが多い．

■ 横断面の構成

横断面は，道路のセンターから中央帯・車道・側帯・路肩（停車帯）・自転車道・歩道などの適切な組み合わせによって構成されているのが一般的である．

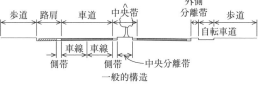

図4・1　道路の横断構成

車道の横断面は，排水をよくするため，中心部を高くする．曲線部の片勾配をつける場合を除いて，1.5～5.0% の横断勾配をつける．

■ 縦断線形

縦断線形は，自動車の進行方向の上り・下りの形であり，直線部は水平もしくは縦断勾配が設けられ，縦断勾配が変化するところには，車の走行を円滑にするために**縦断曲線**がそう入されている．

道路の縦断勾配はその道路の設計速度に応じて定まる．設計速度を大きくするには，勾配を緩やかにしなければならない．

また，上りが 5%（高速道路のような場合 3%）を超える場合は，必要に応じて**登坂車線**を付加車線として設置し，速度の遅い大型車が後続車の速度を妨げないようにする．

■ 平面線形

道路を平面的にみた中心線の形を平面線形という．**平面線形**には，直線・円曲線・緩和曲線などあり，これらが組み合わされて一つの線形をなしている．

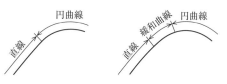

図4・2　平面線形

One Point　ラウンドアバウト

パリの凱旋門前の道路でも有名な交差点にラウンドアバウト（環状交差点）がある．国内でも以前から円形の交差点としてロータリー交差点が存在していたが，「環状の交差点における右回り通行」としてラウンドアバウトが道路交通法で定義された（2013 年 6 月）．進入速度の減速や交錯箇所の減少から事故防止への期待と，道路の整備・維持管理でのコスト削減や景観の観点から導入されている．

2

特別な機能をもつ道路

アスファルト舗装 コンクリート舗装

舗装とは路盤の平坦性を確保するためにアスファルト混合物やコンクリート版を路床上に敷設した構造物をいい，一般には**アスファルト舗装**（たわみ性舗装）と**コンクリート舗装**（剛性舗装）が用いられる.

透水性舗装

透水性舗装は，雨水を積極的に地中に浸透させることを目的とする舗装である．構造は，透水性舗装材等（表層）の下に浸透層を設け，水をそのまま地下に浸透させる．そのため，基準値を超えた豪雨時などに起こる下水や河川の氾濫の防止や植生・地中生態の改善，地下水の涵養などの効果がある．透水性舗装を利用すると降雨時に路盤が洗掘され強度が保てなくなるおそれがあるため，幹線道路などの車道では基本的には使用されない．透水性舗装は歩道，遊歩道，駐車場や公園などで利用される.

排水性舗装

排水性舗装とは，排水を目的にした舗装で，高機能舗装として高速道路や幹線道路などの車道で採用されている．構造は，粗くしたアスファルトや排水性舗装材など（表層）の下に遮水層（不透水層）を設けて，路面に滞留する雨水を積極的に道路の両側にある側溝などの排水構造物へ排出する舗装である．走行車両による水はねや水しぶきの緩和による視認性の向上，ハイドロプレーニング現象の緩和などの効果がある．また，排水性舗装は空隙が多い舗装であること

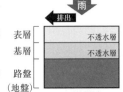

通常舗装

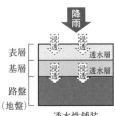

透水性舗装

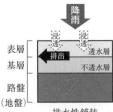

排水性舗装

図4・3 降雨に対する舗装の種類

から，路面とタイヤで発生する走行音が拡散されることによる低騒音効果もある．

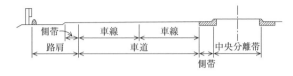

| 高速道路の 横断構成と舗装 |

高速道路の横断構成と舗装は**図4・4**のとおり

図4・4　名神高速道路の横断構成

である．首都高速道路，阪神高速道路では，車道幅6.5 m が用いられている（道路構造令では7.0 m および6.5 m を標準としている）．

| 高速道路の 付属施設 |

高速道路の付属施設には，次のようなものがある．

①　**インターチェンジ（IC: inter change）**：一般国道やその他の道路と連結された唯一の出入り口である．

ふつう，ランプ（高速道路の出入口の道路）と加速車線，減速車線が必要である．

②　**サービスエリア（SA: service area）**：燃料の給油や飲食，休憩をする目的で，約50 km 間隔で設置されている．

③　**パーキングエリア（PA: parking area）**：駐車による休憩を主にしたもので，約25 km 間隔で設置されている．

④　**バスストップ**：高速道路を走行するバスの停留所をいう．

⑤　**その他**：非常電話や防音壁，気象警告表示施設がある．

クローバー形　　　ダイヤモンド形

トランペット形　　T形またはY形

インターチェンジの位置は，次の箇所に設置される．
(1) 主要道路との交差地点
(2) インターチェンジの利用地域の人口が5万人以上
(3) 港湾・飛行場，国際観光地など，重要な場所に通じる道路
(4) 複数の都市への連絡に利用される場所

図4・5　インターチェンジの形成

One Point　アニマルパスウェイ

　国内の総道路延長は約127万 km，鉄道の総路線長は約2.7万 km となっている．この道路や線路により樹上性野生動物（ヤマネやリス）の通り道を分断し，多くの生き物が轢死（ロードキル），または，傷を負っている．分断された森林をつなぐ目的でアニマルパスウェイの設置や普及が見られるようになった．

3

都市活動の
活性化と機能確保

道路交通の情報化 道路交通情報システムの導入は，利用者の安全はもとより，渋滞を緩和し，常に円滑な交通の流れを保持しながら，道路の機能を最大限に発揮させることにより，快適な交通を実現することにある．交通システムは，主として情報の収集・情報の処理・情報の提供の三つのプロセスで構成されている．リアルタイムで情報を提供する必要があるので，大型コンピュータによって情報が処理されている．

情報収集 情報収集には，車両の通行台数，速度などを検知する車両感知器，交通監視用テレビカメラ，非常電話，気象観測装置，パトロールカーのほかに各種の情報システムが用いられている．また，一地点を通過する自動車の速度などを道路上に設置した感知器から超音波を繰り返し発射し，送信波と受信波の時間差により通過車両を調べている．

① **N システム**：自動車のナンバープレートを自動で読み取る装置であり，主要国道や高速道路など重要道路に設置され，犯罪捜査や手配車両の追跡に用いられている．

② **AVI システム**：高速道路入口に設置されているもの．交通量調査などにも利用されている．

③ **T システム**：渋滞情報を取得し旅行時間などを測定するために利用されている．

情報処理 情報処理では，各車両感知器から送信されるデータをコンピュータで処理し，交通状況が処理室の表示盤に車両の平均速度に応じて表示される．このコンピュータによって作成される渋滞情報のほか，管制員が管制操作卓からコンピュータに入力する交通調整情報・工事・事故などの情報があり，それぞれが表示盤に表示される．

情報提供は，高速道路上の交通状況を表示板による表示と放送によって行う．道路情報板には，文字情報板，図形情報板，文字・図形併用型情報板がある．また，ラジオ・テレビを通じて放送される．これらのほかに風速表示板，トンネル警報板，パーキングエリアの情報ロボットなどがあげられる．近年では渋滞や交通規制などの情報を FM 多重放送やビーコンを使ってリアルタイムにカーナビに届けられる VICS がある．また，全国の都道府県警察，国土交通省及び高速道路会社などからの情報を一元化し，オンラインで提供される J システムなどもある（JARTIC：日本道路交通情報センター）．

図 4・6　羽田空港インフォメーション

都市部での駐車場問題についてはこれまでも取り組まれてきたが，都市活動の活性化や性能確保という観点から，今後も継続して取り組まれなければならない．狭い土地でも多くの車両を有効に駐車できる立体駐車場や立体駐車塔装置が整備される一方で，道路や公園の地下を利用した公共駐車場の建設が国や地方自治体によって進められてきた．利用の仕方によって次のように分けられている．

①一時預り用，②車庫用，③荷さばき用，④パーク・アンド・ライド用

図 4・7　道路地下駐車場

One Point　デジタルインフラ

現在，あらゆる「乗り物」において自動運転の研究開発が行われている．自動運転実現に向けた重要な情報の一つが「高精度 3 次元データ」である．動的情報（歩行者や信号情報等），準動的情報（事故情報や交通規制情報等），準静的情報（工事や規制予定情報），静的情報（路面情報や車線情報等）が必要となる．高速自動車専用道路での整備は終えているが，今後は国道や県道など一般道路への拡大が予定されている．社会共通のデジタルインフラとして整備が進められている．

4

安全で快適な都市交通

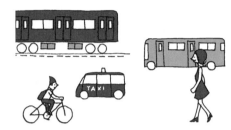

都市交通

都市における公共交通は，通勤・通学輸送だけでなく，豊かで快適な都市生活を営むうえで欠かすことのできないものである．大都市における効率的な交通体系は，大量高速輸送が可能な地下鉄などの基幹的交通機関が中心となっている．地方の中核

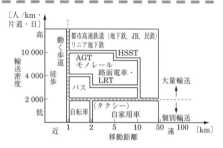

図4・8 都市交通手段の適用範囲の概念[2]

都市では中量輸送交通機関，地方都市ではバスが公共交通の主役となっている．

省エネルギー（省二酸化炭素）型の都市づくりや歴史・文化資財を保全し活用していくためにも交通体系のあり方が見直されている．また，都市計画の観点からも，安全で円滑な都市交通を確保し都市施設整備や土地利用の再編による都市再生が必要となっている．徒歩，自転車，自動車，公共交通などの連携が図られた自由通路，地下街，駐車場などの公共空間や公共交通からなる交通体系の構築が進められている．今後は，さまざまな種類の交通システムの特性を十分に理解し，適切な交通システムの組み合わせを選定することが重要となる．

歩　道

歩道は都市におけるモータリゼーションに伴って増加した交通事故や交通公害などから，歩行者や自転車の安全を確保している．既設の街路歩道と併せて歩行者空間がつくられており，廃線された鉄道や河川の堤防，道路の側面

図4・9 歩道（横浜市）

を利用したものなども全国的に整備されてきている．また，ニュータウンなどの開

発事業で車歩分離施策として整備された歩行者専用道路（遊歩道）もみられる.

| 自転車道 |

　自転車道とは,「道路法」と「道路構造令」によって分類, 規定されている, 自転車と自動車の通行を分離した自転車用の道路のことをいう. このほかに「道路交通法」の交通規制による「自転車専用通行帯」（自転車レーン）や他の車両の通行禁止規制がされて

図4・10　自転車道（高松市）

いる道路, 自転車が通行できる「歩行者専用道路」, 道路法上では道路でない道路（サイクリング道路や河川管理道路など）を含む場合もある.

| 公共交通 |

　公共交通とは, 自転車や自動車など個人の所有物以外の移動手段として使用する乗り物であり, 不特定多数の人々が利用する交通機関をいう. わが国の都市部における代表的な公共交通として, バス, 地下鉄などがある. その他の公共交通については4-9節を参照.

■ バス

　バスは生活に身近な交通機関として利用されている. 路面電車が廃止された都市において, その代替交通機関としてその役割を果たしてきた. その後, 地下鉄などの軌道網が発展したことや, 自家用車などの増加に伴う交通渋滞が自動車の走行低下を生み出し, 機動性, 定時性を確保することが困難になってきている.

図4・11　バス専用道（石岡市）

■ 地下鉄

　地下鉄は, 高速性, 定時性に優れていることから, 都市交通の根幹をなす大量輸送機関として, その整備が進められている. また, 巨額の公共投資による社会基盤の整備となる. 都市交通において, 他の交通機関とを結ぶ総合的な交通機関としての役割が大きい. 他の交通機関と一体化することで, その機能を果たしている.

図4・12　地下鉄（東京・大江戸線）

5
鉄道ってなに?
──安全で時間に正確,大量輸送の交通手段

鉄道のはじまり　わが国の鉄道は,1872(明治5)年に新橋─横浜間が開通して以来,陸上交通の王座を占め,産業経済の発展に大きく寄与してきた.しかし,自動車や航空機の目覚ましい輸送力の伸びにより,鉄道輸送に陰りが出はじめ,ローカル線の一部には廃業や第三セクター(開発事業を進めるための半官半民の企業体)による営業へ移っていったものもある.

鉄道の役割　**鉄道**とは,旅客・貨物運搬用の車両を一定のガイドに沿って運転する施設のことをいい,2条のレール上を自走する車両によって輸送を行う施設(普通鉄道)のほか,モノレール,トロリーバス,鋼索鉄道,索道など一定のガイドに沿って運転する施設も含まれる.

　鉄道は,本来,公共性が高く,高速性・大量性という特徴が発揮できるので,その重要性が見直されるようになってきた.また,新幹線鉄道網の開発・整備によって輸送力の増強やスピードアップが進み,さらに高速化の研究が続けられている.一方,在来線を高速化して,高速鉄道ネットワークをつくるという交通政策の方向が打ち出されており,再び,鉄道輸送に期待するところが大きくなってきた.

図4・13　貨物コンテナ(茨城・土浦駅)

運転制御システム　安全な列車運転のために,現在ATS,ATC,CTCなどの運転制御が行われている.

■ 自動列車停止装置(ATS: automatic train stop)

　列車が停止信号の手前の一定距離に達すると,車両の警報ベルが鳴り乗務員に注意を促し,必要な制御操作を知らせる装置である.

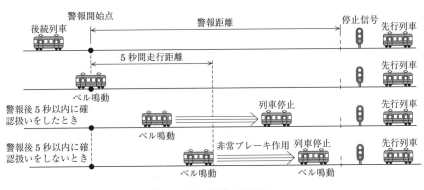

図4・14 ATSシステム

■ 自動列車制御装置 (ATC: automatic train control)

先行列車と後続列車の間隔および進路条件に応じて自動的に列車を減速し, 所定速度になったら自動的にブレーキを解除する装置である.

■ 列車集中制御装置 (CTC: centralized traffic control)

中央制御室で, 各駅から送られてくる列車運転情報をもとに指令判断を行い, 多数駅での列車運行を1か所で遠隔制御するものである.

■ コムトラック(COMTRAC: computer aided traffic control system)

鉄道では, ATS, ATC によって列車間隔を, CTC によって運行管理, 進路設定などを自動化・集中化してきた. これらをさらに進め自動化したものが, コムトラックである.

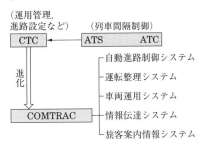

図4・15 コムトラック

6

列車を支える
線路・駅

線路設備

　鉄道の施設・設備は大きく分けると線路設備と停車場設備とからなる．ここでは，列車を運行させる通路である線路設備，軌道，路盤，分岐器などの設備を見ていくことにする．

　線路は，列車の走行する通路をいい，レール，まくらぎ，道床などより構成される軌道と，これを支えている路盤および付帯する建造物や保安装置などからなる．

■軌間

　レール頭部内面間の最も狭い箇所の距離．

■曲線

　直線部と円曲線部の間に緩和曲線を挿入し，安全かつ円滑に列車が走行できるようにする．曲線部では，半径に応じて曲線の内側へ軌間を拡大する．この拡大する量を**スラック**（slack）という．また，列車が走行するとき，遠心力によって外側へ倒れようとする．これを防ぐために，外側レールを内側レールより高くする．この外側レール面の高低差を**カント**（cant）という．

■建築限界と車両限界

　建築限界は，列車の運転が安全にできるように，軌道上の空間を確保するために設けられた限界をいう．また，**車両限界**は，車両断面の最大寸法に制限をつけ，いかなる部分も

┌─広　　軌：標準軌間より広いもの
│　　　　　　スペイン 1 668 mm，ロシアほか
├─標準軌間*：1 435 mm　新幹線
└─狭　　軌：標準軌間より狭いもの
　　　　　　1 067 mm，フィリピンほか

* イギリスで最初の鉄道が営業したとき，
　当時の馬車鉄道の車輪間隔を用いたこと
　から標準軌間となった．
　（4 フィート 8½ インチ＝1 435 mm）

図 4・16　レール

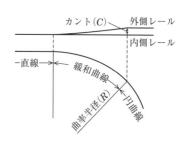

図 4・17　鉄道の曲線部

その制限をはみ出さないように設けられた限界である.

■ 軌道と路盤

軌道は,列車の走行に必要な路盤上(施工基面上)の部分をいう.レール,まくらぎ(PC:プレストレストコンクリート製,コンクリート製),道床(砕石による普通道床,コンクリート道床)によって構成されている.路盤は,軌道を支持するためにつくられた地盤をいう.

図4・18　線路の構造図

■ 分岐器

分岐器とは,一つの線路を二つ以上の線路に分岐する軌道装置で,転てつ器部分・リード部分・てっさ部分からなっている.

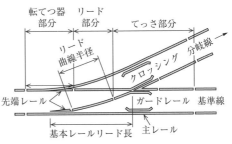

図4・19　分岐器

■ レールの締結と継目

レールをまくらぎに定着させることをレールの締結という.犬くぎで直線締結する方法,ばねを用いて行う弾性締結法,軌道パッドとばねクリップを用いる二重弾性締結法などがある.

また,レールの継目は強度が小さく列車通過時に強い衝撃を受け,軌道の弱点となっている.そのため,レールを継ぐには継目板を当てて継ぐ方法,溶接による方法がある.ロングレールは溶接による方法である.

停車場

停車場は,列車の発着による旅客の乗降,貨物の積み卸し,車両の入れ替えなどに用いられる.停車場のエリアは信号機設置場所,車両の修理,点検場所,駅前広場を含めていうことが多く,駅,操車場,信号場からなる.**駅本屋**とは,駅の主要な施設(待合所・案内所・改札口・売店など)が入っている中心的な建物であり,ターミナルビルとともにその地域の都市交通の便利をはかる必要がある.

保線

列車を安全に運行させるため,常に線路を巡視・検査し,列車荷重,雨,風などによる破壊を防ぎ,線路を補修することが**保線**である.

保線作業には,軌道作業,分岐作業,路盤修理などの諸作業がある.

7

広がる高速鉄道網

新　幹　線

新幹線とは全国新幹線鉄道整備法において列車が 200 km/h 以上の高速度で走行できる幹線鉄道と定義され，標準軌間 1 435 mm を用いている．

日本において初の新幹線は，1964（昭和39）年 10 月 1 日に東海道新幹線が開業され，その後，山陽新幹線が着工された．1970（昭和 45）年には全国新幹線鉄道整備法が定められ，東北・上越・成田の整備計画が決定した．その後，整備新幹線として北海道，東北（盛岡―青森），北陸，九州（鹿

図 4・20　新幹線

児島ルート），九州（長崎ルート）の 5 線の整備計画も決定された．この整備計画以前に計画された路線は成田新幹線を除き開業されており，また，整備新幹線の一部も開業されている．

その他，ミニ新幹線と呼ばれている山形新幹線・秋田新幹線がある．これらは在来線の線路を標準軌に改軌したもの，または，在来線にもう 1 本レールを敷いたもの（三線軌化）で，直通運転を可能としている．これらには踏切があり，最高時速も 130 km/h 程度のため全国新幹線鉄道整備法の上では新幹線車両が走行できる軌間を改めた在来線とされている．

在　来　線

在来線とは全国新幹線鉄道整備法で定める新幹線以外の鉄道であり，狭軌 1 067 mm の軌間を走行している．この在来鉄道を高速化し，高速鉄道ネットワークを目指す交通政策が検討されて

いる．乗継解消されるミニ新幹線や曲線部を高速通行できる車両の開発，他の車両へ乗継を容易にする工夫など，さまざまな取組みがなされている．

図4・21　在来線

図4・22　新幹線鉄道網の現状[3]

One Point　次世代新幹線 ALFA-X

　JR東日本（東日本旅客鉄道）は次世代新幹線の開発に向けて新型車両のALFA-Xの試験走行を行っている．走行時の安定性や乗り心地，騒音などを試験し，その後，車両の耐久性を確かめ，新たなサービスを開発する予定である．試験車両は10両編成で，総工費約100億円をかけ2019年に完成した．試験では400 km/hに達したこともあり，最高時速360 km/hでの営業運転を目標としている（現在の新幹線より40 km/h速くなる）．北海道新幹線の札幌延長が予定される2031年春までの導入を計画している．

8

超高速鉄道時代到来！

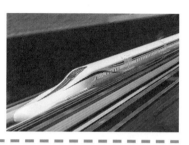

超電導リニア

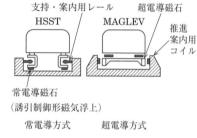

図4・23 磁気浮上鉄道

磁気浮上式鉄道

磁気浮上式鉄道は一般に**リニアモーターカー**と称されている．磁力による反発力（斥力），誘引力（引力）を利用して，車両を軌道から浮上させる鉄道をいう．走行における推進にはリニアモーターが用いられており，高速化が可能となった．浮上と推進ともに磁力を使うため，原理や設備の観点からもよい．しかし，浮上・推進ともに新技術を用いるため高度な技術を要し，経済面でのハードルが高いのも実状である．また，浮上式車両であっても停車時や低速時のために車輪を併用している車両もみられる．常電導磁石を使用した HSST と超電導磁石を用いた超電導リニア（MAGLEV）などがある．

HSST

日本の磁気浮上式鉄道技術の一つである（high speed surface transport）．当初は日本航空が都心から離れた成田空港へのアクセスの不便さを解消する目的で開発された．その後，名古屋鉄道が中心となり開発・導入に取り組んできた．常設実用線としては 2005（平成17）年 3 月に愛知高速交通東部丘陵線（通称：リニモ）で営業運転されている．

　浮上・推進には常電導磁石による電磁吸引制御式が採用されており，一つの構造で浮上・推進を兼用して走行させている．このシステムは磁力により浮上して走行するため車輪やレールの接触によって生じる騒音や振動を解消し，乗り心地の確保や地球環境という観点からも配慮がなされている．

超電導リニア

超電導リニア（MAGLEV: magnetic levitation）は磁気浮上式鉄道であり，鉄道総合技術研究所および JR 東

海により開発が進められている. 走行に超電導磁石を利用するために,次世代の超高速大量輸送システムとして大きな期待がよせられている. また, 航空機と比べ, 二酸化炭素排出量の面でも優れている. 従来の軌道接地走行の問題を解消するために超電導磁石での浮上走行となった. 技術的には実用段階にあり, 走行試験では 2015 (平成 27) 年 4 月に世界最高となる 603 km/h を記録した. 2027 年をめどに中央新幹線として東京―名古屋間の開業, さらに 2045 年をめどに大阪までの全線開業を予定している.

推進の原理

磁石どうしの反発力と誘引力を利用して車両 (超電導磁石) を推進させる. ガイドウェイの両側の側壁に並べられた推進用のコイルに, 電流 (三相交流) を流すと, ガイドウェイに移動磁界が発生する. 車上の超電導磁石がこれに引かれたり (誘引力), 押されたり (反発力) して車両を推進させている.

浮上の原理

走行路となるガイドウェイの側壁内側には, 8 の字の形をした浮上・案内コイルが取り付けられている. このコイルの中心から数 cm 下側を車上の超電導磁石が高速で通過すると, コイルに電流が誘起されて一時的に電磁石となる. そのため超電導磁石を押し上げる力 (反発力) と, 引き上げる力 (誘引力) が発生し, 車両を浮上させている.

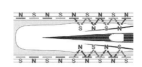

図 4・24 推進の原理

案内の原理

向かい合う浮上・案内コイルは, 走行路の下を通してループになるようにつながれてる. 走行中の車両 (超電導磁石) が左右どちらかに偏ると, このループに電流が誘起されて, 車両が近づいたほうの浮上・案内コイルには反発力が働き, 車両が離れた方の浮上・案内コイルには誘引力が働くようになっている. このようにして, 走行中の車両を常にガイドウェイの中央を走行させている.

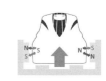

図 4・25 浮上の原理

(図・写真提供：東海旅客鉄道株式会社〈JR 東海〉)

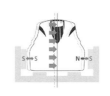

図 4・26 案内の原理

9

進化する乗り物

新交通システム

新交通システムとは，鉄道とバスとの中間輸送力をもち，線路などの軌条を走行する公共交通機関である．それぞれの都市の規模に見合ったシステムが導入され，バスよりも大きな輸送力がある．また，現在の交通事情は，自動車の増加に伴い交通渋滞の発生や環境悪化につながっている．良好な都市を形成するために新しい公共交通ネットワークが整備されている．

AGT

AGTとは自動運転による軌道を走行する交通システム（automated guideway transit）である．特徴は車輪にゴムタイヤを使用することで，走行による騒音・振動を少なくしている．ゴムタイヤの摩擦力を利用しているため急勾配となる路線も走行可能であり，過密な都市内や幹線道路上に高架橋の建設も可能となる．このような特徴と近未来的なイメージが注目を集め，公共交通機関として通勤・通学に利用されている．

モノレール

モノレールとは一本の軌条によって走行する軌道系交通機関のことである．中量輸送システムとして都市における路線コースの柔軟性や低騒音が特徴である．二条式鉄道と比べると分岐器が大規模になるなどの欠点もみられる．

■懸垂式

懸垂式とは軌道に車両がぶら下がって走行する形態のモノレールである．

図4・27　湘南モノレール

屋根上を支点として振り子のように揺れることから，カーブでは重心の移動に合わせて車体が傾くために走行が容易となる.

● 跨座式（こざしき）

跨座式とは軌道に車両が乗って走行する形態のモノレールである．軌道桁の上に接している車輪が車両を支え，軌道桁の左右に接する車輪で誘導されている．このような車両構造のため二条式鉄道車両に比べると車両が高くなる特徴をもっている.

図4・28　多摩モノレール

LRT

LRTとは次世代型路面電車システム（light rail transit）のことであり，低床式車両を用いて乗降を容易にしている．また，専用軌道を用いることで定時性の確保および運行速度の向上につながっている．そのため，従来よりも速達性，快適性といった質の向上が図られるようになった．利便性向上のため併用軌道もみられ，既存交通との連携がなされている.

図4・29　LRT

2006（平成18）年4月29日に開業された富山ライトレールが富山市の都市計画にも取り入れられるなど，日本における次世代型路面電鉄の1号とみられ，日本初の試みとして注目されている（2車体連接低床路面電車，通称：ポートラム）.

One Point 進化する新交通システム

新交通システムは，都市部の中量輸送機関として国内では「ゆりかもめ」「ニュートラム」「ポートライナー」などがある．世界的には，大きな空港の空港内連絡輸送機関として運行されているものが多い．構造や方式については新しい方式のものが開発され導入されている.

図4・30　ドイツ・フランクフルト空港 Sky line

10
港湾ってなに？
──海を利用して
経済的な長距離輸送

港湾の役割
と種類

　わが国の国土は，山に覆われ，海岸線に沿って平野が開けているため，都市は主に海岸部に発達してきた．資源を輸入し，加工した製品を輸出するため，工業は臨海部へ立地し，ターミナルとしての港湾の役割はきわめて大きくなってきた．一般に**港湾**とは，外海の波を避けて安全に停泊できる水面をもち，貨物の積み込みや積み降ろしや，船客が乗降するための水陸交通の連絡を備えるものである．

　港湾は，自然条件，利用目的，法律により分類される．

表4・2　自然条件による区分

区　分	概　要
海　港	海岸にある港，日本に最も多い港（大阪港，横浜港）
河川港	河川の中流に位置する港，現在日本には見られない（ロッテルダム港：オランダ）
河口港	河口に位置する港，日本海沿岸に多い（秋田港，新潟港，酒田港）
湖沼港	湖の沿岸にある港（大津港：滋賀県，土浦港：茨城県）
堀込港	人工的に海岸を掘り込んで建設した港（鹿島港，苫小牧港）

表4・3　利用目的による区分

区　分	概　要
商港	一般商船の出入りする港（神戸港）
工業港	工業に使用する原材料を取り扱う港 一つまたは多数の工場が専用の岸壁をもつ港
避難港	荒天時に船舶が避泊する港
レクリエーション港	観光船・ヨットなどの出入りする港（別府港，湘南港）
漁港	漁船の出入りする港（下関港，銚子港） 漁港法により分類されている（第1種，第2種，第3種，特定第3種，第4種）
軍港	軍用船のための港
エネルギー港	原油などの輸入を行う港（喜入港）

〈国際戦略港湾〉

京浜	東京港・横浜港・川崎港
阪神	大阪港・神戸港

〈国際拠点港湾〉

北海道	苫小牧港・室蘭港
東北	仙台塩釜港
関東	千葉港
北陸	新潟港・伏木富山港
東海	清水港・名古屋港 四日市港
関西	堺泉北港・姫路港 和歌山下津港
中国	水島港・広島港 徳山下松港・下関港
九州	北九州港・博多港

図4・31 日本の国際港湾[4]

表4・4 港湾法の区分

区 分	概 要
国際戦略港湾	重要港湾の中でも東アジアのハブ化を目標とする港湾
国際拠点港湾	重要港湾の中でも国際海上輸送網の拠点として特に重要な港湾
重点港湾	重要港湾のうち国が重点的に整備・維持する港湾
重要港湾	国際海上輸送網または国内海上輸送網の拠点となる港湾で今後も国が整備を行う港湾
その他の重要港湾	国際海上輸送網または国内海上輸送網の拠点となる港湾など
地方港湾	重要港湾以外で地方の利害にかかわる港湾
56条港湾	港湾区域の定めがなく都道府県知事が港湾法第56条に基づいて公告した水域
避難港	小型船舶が荒天・風浪を避けて停泊するための港湾

表4・5 国際コンテナ戦略港湾・国際バルク戦略港湾

国際コンテナ戦略港湾 国際バルク戦略港湾	京浜港(東京港,川崎港,横浜港),阪神港(神戸港,大阪港) 穀物:釧路港,鹿島港,名古屋港,水島港,志布志港 鉄鉱石:木更津港,(水島港,福山港:一体整備) 石炭:小名浜港,(徳山下松港,宇部港:一体整備)

注)国際戦略港湾とは,日本の港湾の国際競争力の強化を図ることを目的に,新たに港のランクとして最上位に位置づけられたもので,従来の特定重要港湾が国際拠点港湾に改められている.

11
船舶の安全を守る港湾

港湾施設

　港湾には多くの施設があり，これらが有効に結びついて港湾の機能を支えている．ここでは，「港湾法」により分類された施設を見ていくことにする．

① 水域施設
② 外郭施設
③ 係留施設
④ 臨海交通施設
⑤ 航行補助施設
⑥ 荷さばき施設
⑦ 旅客施設

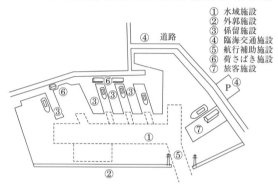

図4・32　港湾施設

　港湾施設には，①水域施設，②外郭施設，③係留施設，④臨海施設，⑤航行補助施設，⑥荷さばき施設，⑦旅客施設，⑧保管施設，⑨船舶役務用施設，⑩港湾公害防止施設，⑪廃棄物処理施設，⑫港湾環境整備施設，⑬港湾構成施設，⑭港湾管理施設，⑮港湾施設用地，⑯移動施設，⑰港湾役務提供用移動施設，⑱港湾管理用移動施設がある．

■ 水域施設

　船舶を安全に停泊，荷役させるためのもので，外郭施設により遮へいされている．航路，泊地，船だまりをいう．

■ 外郭施設

　港湾に必要な水域を確保し，波や漂砂の侵入を防止し，水深を維持する役割をもつものである．

■ 係留施設

　船舶が安全に係留され，貨物や旅

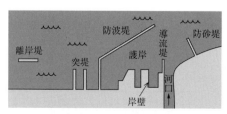

図4・33　外郭施設

表4・6　防波堤の形式と特徴

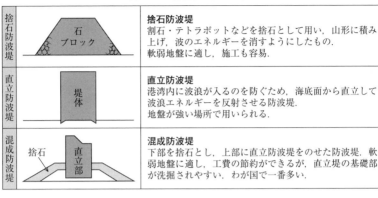

捨石防波堤	石ブロック	**捨石防波堤** 割石・テトラポットなどを捨石として用い，山形に積み上げ，波のエネルギーを消すようにしたもの． 軟弱地盤に適し，施工も容易．
直立防波堤	堤体	**直立防波堤** 港湾内に波浪が入るのを防ぐため，海底面から直立して波浪エネルギーを反射させる防波堤． 地盤が強い場所で用いられる．
混成防波堤	捨石　直立部	**混成防波堤** 下部を捨石とし，上部に直立防波堤をのせた防波堤．軟弱地盤に適し，工費の節約ができるが，直立堤の基礎部が洗掘されやすい．わが国で一番多い．

客が効率よく取り扱われるための施設である．岸壁，桟橋，ドルフィン（船をつなぐ簡単な施設．RC 杭，鋼製杭，ケーソンでつくる）がある．

■ **航路標識**

　船舶に航路や港口の位置を指示したり，浅瀬や岩礁などの位置を知らせるための目標や信号施設をいう．航路標識には，光波標識，音波標識，電波標識がある．

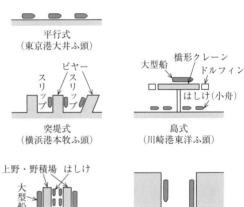

平行式
（東京港大井ふ頭）

突堤式
（横浜港本牧ふ頭）

ピヤー
スリップ　スリップ

島式
（川崎港東洋ふ頭）

大型船　橋形クレーン
ドルフィン　はしけ(小舟)

二子式
（神戸港第7突堤）

上野・野積場　はしけ
大型船

堀込式
（鹿島港）

図4・34　ふ頭の配置[5]

One Point　大型化する貨物船

　大量輸送がメリットの船舶輸送をさらに効率化するために，船舶の大型化が進んでいる．それに合わせて岸壁の水深も深くする必要がある．

表4・7　船舶サイズと必要岸壁水深

大きさの呼称	全長	重量トン	必要岸壁水深
パナマックス	225 m	6万～8万	14 m
ケープサイズ	280 m	15万～20万	19 m
VLOC	340 m	30万程度	23 m
ヴァーレマックス	362 m	40万程度	25.3 m

土木の歴史　国土計画　数理的計画論　**交　通**　治　水　利　水　都市計画　環境保全　防　災

12
情報・産業などの拠点として

港の機能

　港湾は，豊かな国民生活を実現するための社会基盤をなしている．「港」は，まさに世界の経済や産業，流通，情報などの拠点であるとともに，都市や人々の生活の拠点として重要な機能を有している．現在，世界の港では，ふ頭施設の設備のコンピュータ化，物流センターの充実などにより物流の効率化を図っている．

海運の技術革新

　物流の国際化が進展していくなかで，港湾施設における技術革新が大型化，自動化，高速化へと進み，コンテナ船が主流となって港の姿を大きく変えている．そして，大型機械の高速運転による効率化，

図4・35　貨物コンテナ（名古屋港）

合理化によって「機械と人間」が変貌を遂げていくなか，いっそうの省力化，安全性の向上などへの対応が求められている．

　このような状況において，コンピュータによる海上貨物通関情報処理システム

One Point　See-NACCS

　See-NACCS は，海上貨物の通関手続きをコンピュータで迅速かつ正確に処理するため開発されたものである．税関や通関業者，銀行に設置された端末機からデータを入力することにより通関手続きを自動的に行うことができる．
　平成3年に京浜港で利用が始まり，現在では日本各地の港で利用されている．

（See-NACCS）が稼働を開始した.

**新・港湾情報
システム
CONPAS**

コンテナ船が大型化することにより一度に輸送するコンテナの数は大幅に増加した. コンテナはトレーラーによって搬出入される. そのトレーラーは, コンテナ船の到着に合わせてコンテナターミナルへと殺到し, 大混雑を引き起こす. この問題を解決するために新・港湾情報システム（CONPAS: Container Fast Pass）が開発された. 情報通信による事前の予約をしたり, ゲートでの入場手続きに PS（Port Security）カードを利用したりすることで, トレーラーのゲート前での総待機時間を短縮する.

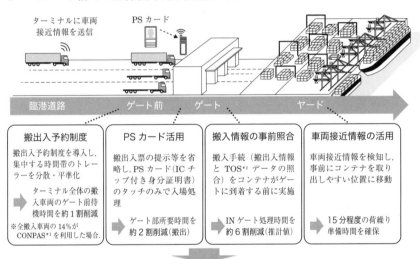

ターミナルに車両
接近情報を送信　　PS カード

臨港道路　　ゲート前　　ゲート　　ヤード

搬出入予約制度	PS カード活用	搬入情報の事前照合	車両接近情報の活用
搬出入予約制度を導入し, 集中する時間帯のトレーラーを分散・平準化	搬出入票の提示等を省略し, PS カード（IC チップ付き身分証明書）のタッチのみで入場処理	搬入手続（搬出入情報と TOS[*2] データの照合）をコンテナがゲートに到着する前に実施	車両接近情報を検知し, 事前にコンテナを取り出しやすい位置に移動
➡ ターミナル全体の搬入車両のゲート前待機時間を約 1 割削減　※全搬入車両の 14%が CONPAS[*1] を利用した場合.	➡ ゲート部所要時間を約 2 割削減（搬出）	➡ IN ゲート処理時間を約 6 割削減（推計値）	➡ 15 分程度の荷繰り準備時間を確保

情報技術の活用によるコンテナ搬出入処理能力の向上

*1　CONPAS：ゲート処理等の効率化やセキュリティの向上を目的としたシステム.
*2　TOS：ターミナルオペレーションシステム

図4・36　CONPAS[6)]

One Point　モーダルシフト（modal shift）

　モーダルシフトとは, 輸送のモード（方式）を切り換えること, トラック輸送に比重が置かれていたものを鉄道や海運による輸送に転換していくことである.
　その主たる目的は, ①交通渋滞, ②排気ガス, ③労働力不足などを緩和していくことである.

13

空港ってなに？ ──国際化社会の 交通

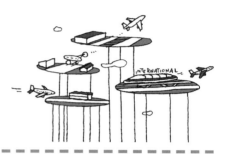

空 港

空港とは,「航空機を安全に離着陸させ,航空旅客の乗降,貨物の積み降ろしを行う」施設である.日本では 1956（昭和 31 年）に「空港整備法」（現空港法）が制定されて以来,空港整備が行われてきた.現在では国際化社会が現実となり,高速航空機や 24 時間離着陸可能な空港が必要となった.

図 4・37 タイ・スワンナプーム国際空港

空港の種類

空港には,国際航空輸送網または国内航空輸送網の拠点となる「**拠点空港**」（28 空港）,地方公共団体が設置し,管理する「**地方管理空港**」（54 空港）,空港法第 2 条に定める空港のうち拠点空港,地方管理空港,公共用のヘリポートを除く「その他の空港」（7 空港）,自衛隊などが設置し,管理する「共用空港」（8 空港）がある.

世界と結ぶ ハブ空港

ハブ空港とは,国内外の多くの都市との路線を有し,乗り継ぎや積み替えの拠点となる空港である.空港から各地に放射状に伸びる路線を自転車の車輪のスポークに見立て,その中心にある空港を車輪の軸受け（ハブ）にたと

図 4・38 ハブ

えた呼称で,ロンドンのヒースロー空港,シカゴのオヘア空港,ドイツのフランクフルト空港が国際メガハブ空港として有名である.日本では東京

図 4・39 ハブ空港

国際空港，成田国際空港，中部国際空港，関西国際空港，大阪国際空港などがその機能を有する．しかし，着陸料が高く，路線数が少ないなどの理由から国際的な評価は低い．アジアではシンガポールのチャンギ空港の利用が最も多い．

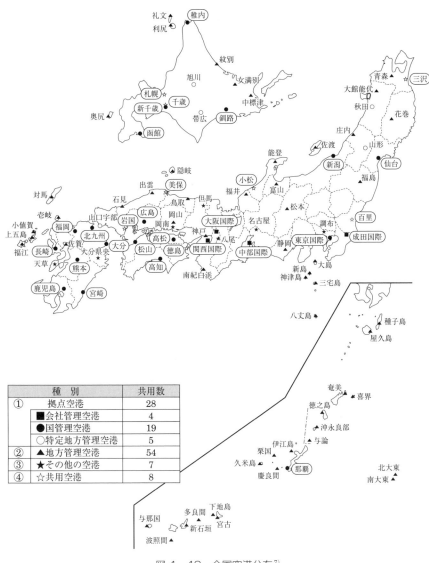

種　別		共用数
①	拠点空港	28
	■会社管理空港	4
	●国管理空港	19
	○特定地方管理空港	5
②	▲地方管理空港	54
③	★その他の空港	7
④	☆共用空港	8

図 4・40　全国空港分布[7]

14
迅速で安全な空路の確保

空港の施設

空港は，航空機を迅速で安全に離着陸できるように技術の粋を集めた施設により作られている．その施設には次のようなものがある．

■ 滑走路

滑走路とは，航空機が安全にストレスを感じさせずに離着陸するための走路である．長さは対象機によって変わるが原則として**表4・8**に示すとおり．成田国際空港A滑走路，関西国際空港B滑走路は4000 mの長さを有し国内最長である．

表4・8 空港土木施設設計基準（運輸省航空局）による滑走路の標準長さ（国内線）

大型ジェット機	2 500 m 以上
中小型ジェット機	2 000 m
プロペラ機	1 500 m
小型機	800〜1 000 m

■ 誘導路

誘導路とは航空機を滑走路からターミナルビルやエプロンへ速やかに移動させる通路のことをいう．滑走路全長にわたって平行に設けられた誘導路を「平行誘導路」といい，ターミナルビルなどから離陸のため滑走路端部への移動や，着陸後のターミナルビルへの移動を行う．また，ターミナルビルと平行誘導路，平行誘導路と滑走路をつなぐ誘導路を取付誘導路という．

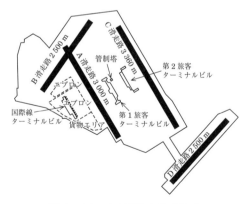

図4・41 東京国際空港（羽田）

■ エプロン

　エプロンとは，航空機を駐機させて
おくスペースであり，用途により次の
ように分類される．

図4・42　エプロン旅客の乗降
（成田国際空港）

① ローディングエプロン：旅客の
乗降，貨物の積み降ろし，航空機
の給油や整備・点検などを行う．

② カーゴエプロン：貨物専用機が
貨物の積み降ろしを行う．

③ ナイトエプロン：夜間駐機用．

④ 整備エプロン

■ ターミナルビル

　ターミナルビルとは旅客が飛行機に
乗降する際に必要な搭乗手続や待ち合
わせを行う場所をいう．また，手荷物
預かりや手荷物引取り，航空保安検査，
CIQ（税関，出入国管理，検疫）はここで行われる．

図4・43　エプロン貨物コンテナ
（成田国際空港）

（a）搭乗ゲート

（b）待合室

図4・44　ターミナルビル内（タイ・スワンナプーム国際空港）

土木の歴史　国土計画　数理計画論　交通　治水　利水　都市計画　環境保全　防災

15

空港をつくる
――空港の土木

空港計画

空港を計画するには航空需要予測が必要になる．航空需要の予測には国内の旅客と貨物，海外の旅客と貨物についてそれぞれを予測する必要がある．また，他にも人口変動，経済成長，為替変動，その他の交通機関の将来予測を考慮しながら予測しなければならない．

表4・9　空港の規模

空港名	種別	面積	滑走路
東京国際空港	拠点空港	1 522 ha	3 000 m×60 m 2 500 m×60 m 3 360 m×60 m 2 500 m×60 m
成田国際空港	拠点空港	1 145 ha	4 000 m×60 m 2 500 m×60 m
関西国際空港	拠点空港	1 068 ha	3 500 m×60 m 4 000 m×60 m
山形空港	拠点空港	91 ha	2 000 m×45 m
神戸空港	地方管理空港	156 ha	2 500 m×60 m
出雲空港	地方管理空港	57 ha	2 000 m×45 m
広島西飛行場	その他の空港	50 ha	1 800 m×45 m
徳島飛行場	共用空港	191 ha	2 500 m×45 m

需要予測を基にして空港の規模を決定する．旅客や貨物の需要予測ができれば，就航する機種，便数が決定され，滑走路の長さ，本数が決まる．その後にターミナルビルや整備施設の有無により空港規模が決定される．

空港用地

空港を建設するには広大で平坦な土地が必要になる．目的地となる都市に近ければ近いほど利用価値の高いものになるが，航空機の騒音や用地費用の面から，山間部や海上に建設されることが多いのが現状である．山間部では大量の切土・盛土が行われるが，土量の均衡を考え，廃土の出ない施工を心がけることや，高盛土の技術が必要となる．海上部では24時間の離着陸に対応するため沖合への建設がみられる．深度が大きい大規模埋立てになるため，地盤沈下への対策が必要になる．また，反射波や海流，海洋生物への影響も考慮しなければならない．

空港の舗装

空港の舗装は場所によって構造が異なる. 滑走路は平滑でなければならないためアスファルト舗装を用い, エプロンや誘導路, 滑走路末端部については, 航空機による常時旋回, 停止, 発進が行われるのでコンクリート舗装を用いる. 空港の舗装は対象となる荷重が大きいことから, 一般道路のそれとは厚さや使用材料が異なる. その例として, 中部国際空港の舗装例を**図4·45**に示す.

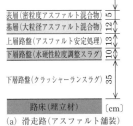

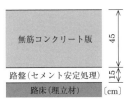

表層(密粒度アスファルト混合物) 5
基層(大粒径アスファルト混合物) 12
上層路盤(アスファルト安定処理) 13
下層路盤(水硬性粒度調整スラグ) 10
下層路盤(クラッシャーランスラグ) 35
路床(埋立材) 〔cm〕

無筋コンクリート版 45
路盤(セメント安定処理) 15
路床(埋立材) 〔cm〕

(a) 滑走路(アスファルト舗装)　　(b) エプロン(コンクリート舗装)

図4·45　中部国際空港の舗装断面の一例[8]

また, 滑走路では着陸時, タイヤとの摩擦で減速・停止が行われている. 少しでも摩擦係数が高い路面のほうがはやく減速できることになる. そこで, 国内空港の滑走路には**グルービング**(安全溝)という溝をきり, 摩擦係数を高める工夫をしている. また, グルービングは降水時の路面排水をよくする役目もある.

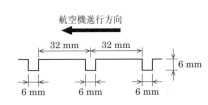

航空機進行方向

32 mm　32 mm
6 mm
6 mm　6 mm　6 mm

図4·46　グルービング

One Point　東京国際空港 D 滑走路

　東京国際空港は利用者利便性の向上や国際定期便の受入れを目的として D 滑走路の建設を 2001 (平成 13) 年に決定した. 設計段階において埋立て, 桟橋, 浮体を用いる工法を比較検討した. 多摩川の河川流の通水性を確保するために, 河口部分には桟橋構造を採用し, 埋立との併用によるハイブリッド滑走路となっている.

　また, D 滑走路の設置計画当初は既存の B 滑走路と平行な滑走路の建設を予定していたが, 南風・雨天時に浦安市街地の上空を通過することに加え, 東京ディズニーリゾートの近くを通過することが問題視され, 滑走路の方位を 7.5 度南へ変更した. この変更により川崎市にある東京湾アクアラインの換気塔が制限表面上に出るため, この換気塔は頂部の装飾を改修した.

16
新しい土地を求めて

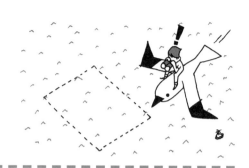

人 工 島

人工島ということばは，古くは干拓，近年では出島や築島といわれ，人間がある目的で水面上に造成した陸地を**人工島**という．わが国ではポートアイランド，関西国際空港や東京湾横断道路の木更津人工島（海ほたる）などのビッグプロジェクトを含め，さまざまな人工島が建設されている．

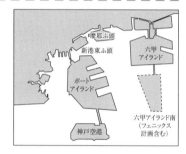

図4・47　人工島

ここでは，人工島の利用状況や規模，問題点について見ていく．

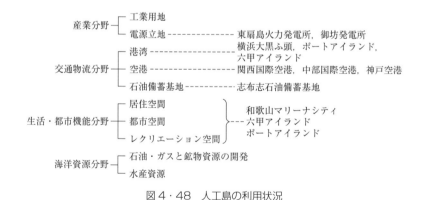

図4・48　人工島の利用状況

表4・10　人工島の埋立土量

	関西国際空港	中部国際空港	ポートアイランド	六甲アイランド
埋立面積〔ha〕	1 055	470（空港）＋110	826	583
埋立土量〔万 m³〕	43 000	5 200	17 200	12 000

沈下との戦い

関西国際空港の下には，海底だった粘土層が広がっている．人工島の建設により，埋立土砂の重さを受けた粘土層は時間をかけて体積を減少させる．これが地盤沈下となって問題となる．その対策としてバーチカルドレーン工法が用いられた．この工法は沈下を防ぐのではなく長い時間にわたって起きる沈下をはやく終わらせる工法である．関西国際空港の場合，バーチカルドレーン工法の中でも砂杭を用いるサンドドレーン工法が用いられ，220万本の砂杭が打ち込まれた．

フェニックス計画

臨海部の大都市とその後背地を含めた広域圏を対象に，複数の自治体が共同で利用する広域処分場を海面に整備し，廃棄物の収集・処理・処分を行うとともに埋立跡地を人工島として有効活用する計画である．

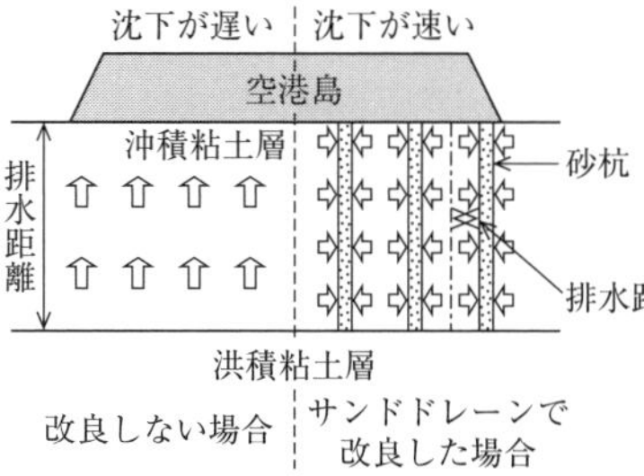

廃棄物が埋立地としてよみがえること

図4・49　サンドドレーンのしくみ

を不死鳥にたとえる意味と，埋立地がフェニックス（椰子科）の茂る緑の土地になってほしいという願いをこめて命名された．

当初は首都圏南部と大阪湾圏域を想定して計画が進められたが，東京では1998（平成10）年に凍結となり，大阪湾のみ計画が進んだ．処分場は阪神淡路大震災によって発生した膨大な建設解体廃棄物の受入れ地としても重要な役割を果たした．2004（平成16）年に「廃棄物処理法」の改正を受け，低濃度の有害物質を含む廃棄物で埋め立てられた「管理型処分場」は土地形状を変更することを制限された．このため緑地や運動場としての利用は可能だが，建築物を建てる工場用地として利用することが困難となっている．

液状化問題

兵庫県南部地震，東北地方太平洋沖地震において埋立地の液状化による被害が多く報告された．特に後者の地震による東京湾沿岸部での液状化は $42\,km^2$（東京ドーム900個分）にも及び，世界最大の被害であった．液状化は地下水位の高い砂地盤で起こりやすく，埋立地では液状化の条件を満たしている場合が多いことになる．対策として締固めや間隙水圧消散，固化処理などの対策工法が施されている．

4章のまとめの問題

　この章では交通施設とその機能について学習した．その中でも日常生活に密接し，身近な社会基盤施設である道路・鉄道・港湾・空港について再確認してみよう．また，時代の変化に伴って社会的ニーズも変化している．この点にも注目してみよう．

【問題1】　道路整備における今後の課題について考えてみよう．
〈ヒント〉本章の4-1，4-2，4-3節を参照し，身近な道路の整備や施設について調べてみよう．その際，自分の30年後を想像してみよう．

　解説　少子高齢化に伴いユニバーサルデザインやバリアフリーの導入や交通形態に変化が生じている．そのため，周辺環境整備など誰もが安心して快適に利用できるよう道路整備を行う必要がある．また，災害時や緊急時のスムーズな対応も検討されなければならない．

【問題2】　公共交通における今後の課題について考えてみよう．
〈ヒント〉いろいろな公共交通機関について学んだが，身近な公共交通施設や公共の乗り物についての長所と短所を見つけてみよう．

　解説　個々の公共交通機関の機能を充実させることや，サービスの質の向上など，各分野での取り組みや開発が，今まで以上に重要な課題となってくる．
　しかし，社会基盤施設としての観点から考えると，それらが重なり合って初めて社会資本としての役割を担う施設となる．相互の関連性や組合せによって，各地域の需要に応えることのできる公共交通でなければならない．

【問題3】　未来の交通（施設・乗り物）システムについてみんなで話してみよう．
〈ヒント〉各節のOne Pointを参照し，環境やICT技術の進化などについて考えてみよう．そして，時代によって変化する豊かさについて想像してみよう．

　解説　現状では，磁気浮上式鉄道や超電導リニアなどが，新しい技術開発により実用可能となっている．50年後においても，きっと新技術により新しい施設や乗り物が開発されているであろう．想像を膨らまして未来の交通への夢を語ってほしい．

5章

治　水

　私たちが安全で安心して暮らしていくために，いろいろな法律や対策，事業，施設・設備などがある．

　洪水・高潮などの水害や，地すべり・土石流・急傾斜地崩壊などの土砂災害から人間の生命・財産・生活を防御するために行う事業である治水．具体的には，堤防や護岸，ダム，遊水池などの整備や河川流路の付け替え，地下貯留などがある．

　この章では，水害に対する治水対策や施設・設備，土砂災害に対する砂防対策や事業，施設・設備について学習することにする．

　太閤堤とは，豊臣秀吉が伏見城を築城した際，宇治川・淀川などの付け替えなど，大規模な治水工事で築かせた堤防のことである．一般的には，宇治から向島までの「槇島堤」，宇治から小倉までの「薗場堤」，小倉から向島までの「小倉堤」の約12 kmの総称として，太閤堤の名が用いられている．

　宇治川の付け替え工事の目的は，巨椋池（おぐらいけ）の洪水防御と河川水を伏見へ導いて伏見港の繁栄を図るものである．

太閤堤：石積み護岸（「お茶と宇治のまち交流館『茶づな』」見学可能）

1 河川ってなに？ ——一級河川

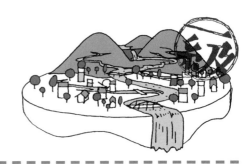

一級河川

私たちが見る河川には，いろいろな分類のしかたがある．ここでは「河川法」による分類と河川の特徴について見ていくことにする．**一級河川**とは国土保全上または国民経済上特に重要な水系に係る河川で，国土交通大臣の指定したものである．その数は，利根川など109

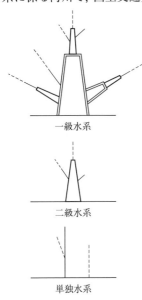

一級水系

二級水系

単独水系

━━━ 一級河川指定区間外区間
　　　（国土交通大臣管理）
━━━ 一級河川指定区間
　　　または二級河川
　　　（都道府県知事管理）
─── 準用河川（市町村長管理）
------ 普通河川

図5・1　水系図

		延長〔km〕	河川数〔本〕	流域面積〔km²〕
淀　川	大阪・京都・滋賀・兵庫・奈良・三重	4 591.8	964	8 240
新宮川	和歌山・奈良・三重	749.9	103	2 360
紀の川	和歌山・奈良	807.5	181	1 750
大和川	大阪・奈良	751.6	178	1 070
加古川	兵庫	775.6	130	1 730
北　川	福井・滋賀	83.1	12	210

図5・2　一般水系の延長・面積

表5・1　河川の諸量

河川名	河川数	幹線流路延長〔m〕	河川延長〔m〕	流域面積〔km²〕
石狩川	468	268	3 717.1	14 330
北上川	302	249	2 723.0	10 150
利根川	823	322	6 879.6	16 840
木曽川	393	229	3 004.3	9 100
吉野川	358	194	1 602.6	3 750
筑後川	238	143	1 429.7	2 863

国土交通省 HP より作成[1]

河川名	河口所在地	河川延長	流域面積
アマゾン川	ブラジル，大西洋	6 516 km	7 050 000
ナイル川	エジプト，地中海	6 695 km	3 349 000

『理科年表 2021』より抜粋[2]

水系が一級水系として指定されており，これに属する14 066の河川，延長88 082.0 kmが一級河川である．その管理は，主要区間を国土交通大臣が直轄で行い，その他の区域は法令の定めるところによって管理の一部を都道府県知事に委任している．これを指定区間という．

二級河川　　二級河川とは，一級水系以外の水系で公共の利害に重要な関係があるものに係る河川で，都道府県知事が指定したものである．その数は現在，2 711水系，7 085の河川，延長は35 866.0 kmである．その管理は，都道府県知事が行う．

普通・準用河川　　一級河川および二級河川以外の河川を**普通河川**といい，河川法の適用を受けないが，そのうち市町村長が指定してこの法律の二級河川に関する規定を準用することにしたものを**準用河川**という．現在，47の都道府県，1 094の市町村において，14 345の河川，延長20 057.4 kmが準用河川として指定されている．管理は市町村長が行う．

本川と支川　　2つ以上の河川が一つに合流するとき，流量や流域面積の大きい河川を**本川**，本川に流れ込む河川を**支川**という．

図5・3　支川と本川

河川の特徴　　日本の国土は細長い形をしており，地形が急しゅんで平野が少ないため，外国の国々に比べて河川の流域が小さく，流路は短く，勾配が急であるという特徴をもっている．年間降水量は，約1 800 mm，世界の陸地平均800 mmに比べて，はるかに多く，梅雨前線や台風などによる集中豪雨もある．このため，日本の河川は，次のような特有の性質を示している．

① 急勾配で水の出が速く（**図5・4**），その最大流量が大きい．

② ハイドログラフがシャープである．

③ 流出土砂が多量である．

日本の河川を見て「滝のような川」といった土木技師**ヨハネス・デ・レーケ**がいる．

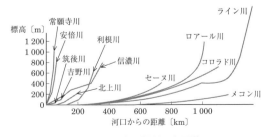

図5・4　主要河川の勾配[3]

2 河川の特徴を探る

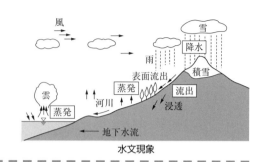

水文現象

水文調査

地球上の水は，大気中の水，地表水，地下水などいろいろな状態にある．蒸発→降水→流出→蒸発という**水文現象**を科学的に観察し，調査することを**水文調査**という．ここでは，河川のもつ特徴を探るため水文用語について見ていくことにする．

■ 降水

大気中の水蒸気は冷却され，凝結して降雨・降雪などになり地上に降ってくる．このように地上に降る水を降水という．**降水量**は，降水が流れず，蒸発・浸透せず，地面上にそのまま降った水の深さを〔mm〕の単位で表す．

■ 流出

降水による河川への流入は，地面から地中に浸透する以外の水が直接流入する表面流出，いったん地下に浸透して再び地表に湧き出して流入する地下水流出と，地中に浸透した雨水が土層中を流れる中間流出がある．洪水のほとんどは，表面

表5・2　降水量〔mm〕の記録

地名	日降水量	1時間降水量	10分間降水量
札幌	207.0	50.2	19.4
仙台	312.7	94.3	30.0
金沢	234.4	77.3	29.0
松本	155.9	59.0	24.3
東京	371.9	88.7	35.0
名古屋	428.0	97.0	30.0
京都	288.6	88.0	26.5
松江	263.8	77.9	25.6
高知	628.5	129.5	28.5
福岡	307.8	96.5	23.5
那覇	468.9	110.5	29.5

『理科年表 2021』より作成[2]

	1時間雨量〔mm〕	
清水	150	1944年10月17日
長崎	127.5	1982年 7月23日
宇治	78.5	2012年 8月13日

「京都府南部地域豪雨による被害への対応 災害対策本部報告書」(2012)より作成

表5・3　河状係数

河川名	流域面積〔km²〕	幹川流域面積〔km²〕	最大流量〔km³/s〕	最小流量〔km³/s〕	河状係数
利根川	16 840	322	2 594	77	34
石狩川	14 330	268	1 140	45	26
信濃川	11 900	367	1 809	88	21
四万十川	2 185	196	7 765	17	457
淀川	8 240	75	2 094	126	17
吉野川	3 750	194	2 282	14	163
筑後川	2 860	143	3 846	18	214

『理科年表 2021』より作成[2]

流出であり，土石流・地すべりは地下水流出・中間流出である．流出状態を示す要素として次のものがある．

① 河状係数 ＝ $\dfrac{最大流量}{最小流量}$

＊河状係数が小さいほど治水利水対策上有利．

② 流出係数 ＝ $\dfrac{総流出量}{総降水量}$

③ 比流量 ＝ $\dfrac{流量}{地域面積}$

大井川（静岡）
多摩川（山梨・東京・神奈川）

江の川（島根・広島）　太田川（和歌山）

大和川（大阪・奈良）　富士川（長野・山梨・静岡）

北川・南川（福井）
旧千曲川・犀川（長野）

羽状流域　　平行状流域　　放射状流域　　複合流域

図 5・5　流域の形状

河状調査

河状調査は，各河川の流域の形態や形状の変化を調査し，水文調査と合わせ，河川改修計画の資料とする．

■ 流域

河川に降水が流入する全域を流域といい，その境を分水界という．流域の形状には，**図 5・5** のようなものがある．

流域特性を表す数式

$$流域平均幅\ (B) = \frac{流域面積\ (A)}{幹川流路延長\ (L)}$$

$$流域形状係数\ (F) = \frac{A}{L^2}$$

■ 河川の流量と水位

流量の測定には水位標を利用し，水位のみを観測して，あらかじめ調べておいた水位と流量との関係からその流量を調べる方法がとられる．

河川に関する代表的な水位の表し方

　平均水位（MWL）

　平水位（OWL）

　計画高水位（HWL）

　低水位（LWL）――発電など利水に用いる．

　渇水位（DWL）

計画高水位
警戒水位

図 5・6　水位観測所

図 5・7　水位標

土木の歴史　国土計画　数理的計画論　交　通　治　水　利　水　都市計画　環境保全　防　災

3 洪水から生活を守る

総合的な河川計画

私たちの生活に密接した河川を大きく分けると，**治水・利水**および**環境**の三つの機能をもっている．河川計画を行ううえでは，洪水による災害を防止し，軽減するための治水計画，河川水を有効に利用するための利水計画，河川の環境を保全して整備するための環境保全があり，総合的に計画する必要がある．ここでは，河川の計画について見ていくことにする．

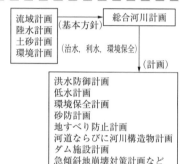

図5・8 総合的な河川計画

総合的な河川計画とは，河川に関する各種計画の基本となる事項を設定し，流域内の諸計画を策定するもので，河川とその流域に関する計画であり，水系ごとに策定するものである．

計画高水流量

河川の治水計画の基準となる洪水を**基本高水**といい，それに対して河川に流す流量を**計画高水流量**という．計画高水流量の決め方は，一般に，現在までの最大流量やその地域の想定される降雨量と流域面積とを掛けた値を基礎として，100年とか150年に一度発生する洪水流量を確率的に算定する方法が用いられる．

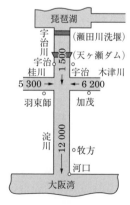

図5・9 計画高水流量図

総合的な治水対策

都市化の著しい河川において，従来の河川の改修や，調節池・排水機場などによる「河川対策」だけでは，都

表5・4 治水整備の状況[4]

項　目	整備目標	整備状況	（R 元年度末）
河　川	人口・資産集積地区等における河川整備計画目標相当の洪水に対する河川	河川の整備率（国管理区間）	約74%
海　岸	津波，高潮，侵食等の海岸災害による被害を軽減	海岸保全区域における海岸保全施設の有施設率	約71%
土砂災害対策	土砂災害から人命を守る施設整備の重点的な実施等	重要交通網にかかる箇所における土砂災害対策実施率	約53%
		要配慮者利用施設，防災拠点を保全し，人命を守る土砂災害対策実施率	約41%

市化のスピードに追いつけないのが現状である．そのため，「河川対策」とともに，流域内に雨水貯留・浸透施設などを設置することにより，流域が本来有している保水・遊水機能を確保し，雨水の流出を抑制する「流域対策」が一体となった総合的な治水対策が行われる．

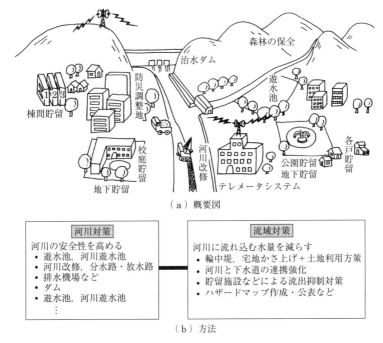

（a）概要図

河川対策	流域対策
河川の安全性を高める • 遊水池，河川遊水池 • 河川改修，分水路・放水路 • 排水機場など • ダム • 遊水池，河川遊水池 　⋮	河川に流れ込む水量を減らす • 輪中堤，宅地かさ上げ＋土地利用方策 • 河川と下水道の連携強化 • 貯留施設などによる流出抑制対策 • ハザードマップ作成・公表など

（b）方法

図5・10　総合的な治水対策方法

4

堤防ってなに？
——水を制する
方法・機能・種類

河川の工事は，河川計画に基づき，計画高水流量を安全に流下させ，水害から守るために設けられる河川の構造物を築造するための工事をいう．ここでは，河道改修，堤防について見ていくことにする．

河道改修

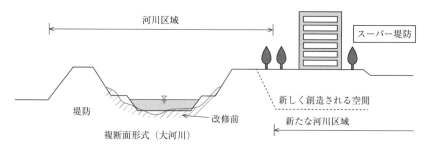

図5・11　河川改修

　河道とは，河川を流水が流下する土地空間をいい，堤防または河岸と河床で囲まれた部分をさす．河道が計画高水流量を安全に流下できる断面と平面形状を確保するために行う工事を**河道改修**という．

わが国においては，平水時と洪水時の水位差が大きいため，治水・利水に好都合となる複断面の形式を採用する．また，川幅の狭い小河川では単断面とし，堤防高を高く，強固にしている．

堤防の種類

　堤防は，洪水，高潮などによる水害から人命や財産などを守る目的をもって

図5・12　茨田 堤（日本最初の河川堤）
土佐日記の「わだの泊まりの分かれの所」

4 堤防ってなに?──水を制する方法・機能・種類

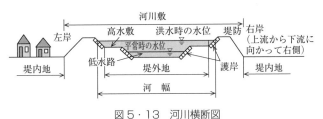

図5・13　河川横断図

河川沿につくられる構造物である（**図5・14**）.

主に盛土によって築造されるが，理想的な土の条件は次のとおりである.

- 飽水時滑落に対して十分安全.
- 洪水継続時間中漏水に対して十分安全.
- 掘削，運搬，締固めなどの施工が容易.
- 乾燥期に有害なひびわれを生じない.
- 草木の根などの有害物を多く含まない.

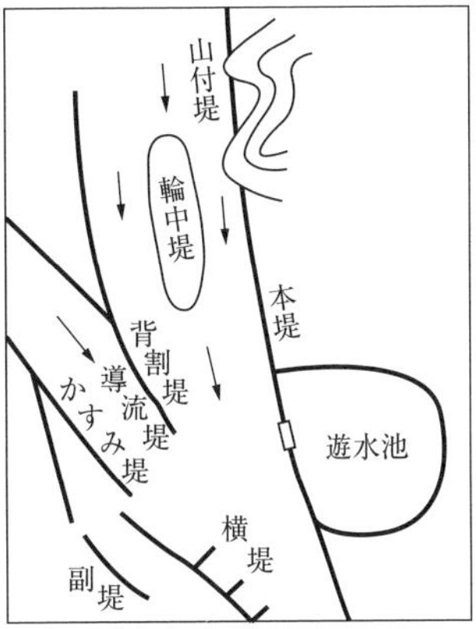

堤防は，その機能，規模，形状から次のような種類に分かれる.

本　堤：洪水の氾濫防止を主目的とする.

副　堤：本堤決壊時の洪水の氾濫による被害を防止する.

輪中堤_(わじゅうてい)：特定の地域を洪水から防御する（木曽・長良・揖斐川）.

山付堤：河川近辺の山へ堤防をつなぎ，背高地を防御する.

かすみ堤：洪水を一時的に貯留し，本堤の決壊を防止する（信玄堤）.

横　堤：本堤にほぼ直角に堤防を設け，遊水効果と流速の減速を目的とする.

背割堤：合流点を調整し，下流へ移動させる.

導流堤：分・合流，河口における流れと流砂の調整を行う（木曽三川，淀川三川の合流部）.

越流堤：洪水調節池・遊水池へ洪水を導入する.

図5・15 は堤防の各部名称である.

図5・14　堤防の種類

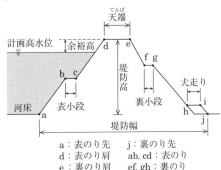

a：表のり先　　j：裏のり先
d：表のり肩　　ab, cd：表のり
e：裏のり肩　　ef, gh：裏のり

図5・15　堤防各部の名称

5
都市を守る工夫

都市河川の治水

わが国の河川の堤防は，昔から治水工事中心でつくられ，堤防を高く，またさらに高く築いてきた．堤防が破壊されると，家が流出し，人命が失われる甚大な災害となる．都市河川を洪水から守る工夫として，堤防を強固に高く築き川底を掘り下げる河道改修や，地下分水路など，いろいろな施設により生活基盤が守られている．

図5・16　川底が地面より高くなる天井川

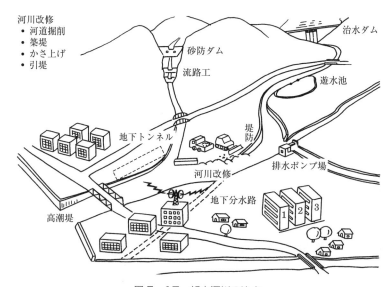

図5・17　都市河川の治水

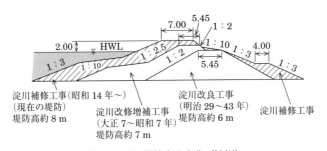

図5・18 堤防高の変化（淀川）

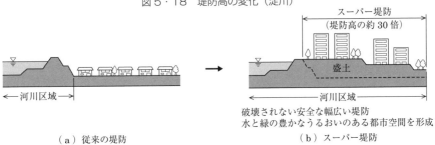

（a）従来の堤防 （b）スーパー堤防

図5・19 スーパー堤防（枚方市出口）

　スーパー堤防とは，人口や資産の集中している大都市において，計画を超える大洪水＝超過洪水による破堤がもたらす壊滅的被害を防ぐために整備する幅の広い堤防である．超過洪水対策と合わせて広い堤防上部において通常の土地利用がされるため，水辺空間の創造にも貢献できるタイプの堤防である．

　地下貯留施設とは，森林や台地などでは降った雨を地面に浸み込ませ，水田地帯では雨や洪水の自然のたまり場として，河川の洪水を少なくする役割があり，公園貯留施設や地下トンネルなどがある．都市化による宅地開発でアスファルトやコンクリートに覆われた街となり，保水機能・遊水機能をもった森林や水田・ため池などが大幅に減少したため，雨が降ってから短時間で洪水が起こるようになった．

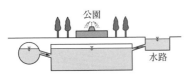

図5・20 地下貯留施設（公園）

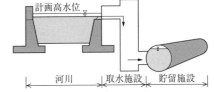

図5・21 地下貯留施設（地下トンネル）

6

水を制する工夫

> 河川工作物

河川の洪水を安全に流下させ堤防を保全し，河川の機能を増進させるために，流水の勢力や流れの方向を制御する必要がある．そのため護岸・水制・水門・堰などの**河川工作物**を設ける．ここでは，いろいろな河川工作物を見ていくことにする．

> 護　岸

護岸は，堤防や河岸の流水による侵食を防止し，安定を図るために設ける施設であり，そののり面を保護するために設ける構造物である．のり覆工，のり留工，根固め工からなる．

■ のり覆工

- 蛇籠工
- ブロック張工
- 石張工，石積工
- コンクリートブロック工

などがある．

■ のり留工・根固め工

堤防のり先が洗掘されないように，各種のコンクリート枠が多く用いられる．

図 5・22　コンクリートブロック（のり覆工，のり留工）

> 水　制

水制は河川の流れを制御するために，河岸からある角度で河川の中心に向かってつくられる構造物である．

水制の目的は次のとおりである．

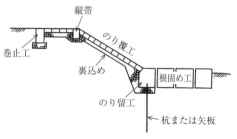

図 5・23　護岸各部名称

(a) 肱川(愛媛, 内子)

(b) 吉井川(岡山, 湯郷)

図5・24　景観に配慮した河川（多自然型工法）

- 水流の方向を変えさせる.
- 河岸に近い流速を緩和し，土砂の沈殿を
  うながして堤防や河岸の安全を図る.
- 低水路の幅や水深の維持を図る.
- 流水を集中させ，取水を容易にする.

最近では，親水性をもたせる構造を考慮し
てつくられる.

(a) 異形コンクリートブロック

水門・堰

水門・堰は各種用
水の取り入れや河口
部における海水の侵入を防いだり，河川の分
派点において，必要な流量配分をするために
設ける構造物である．現在，河川における工
作物は私たちの生活を守り，快適な水辺空間
をつくりだしている.

(b) 鴨川にある亀石

図5・25　水　制

図5・26　ゲート

図5・27　段差工と魚道

7

Sabo って
なに？

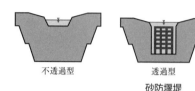

不透過型　　　透過型　　　部分透過型
砂防堰堤

砂防とは

わが国は，豪雨のたびに土石流や地すべり，がけ崩れなどの土砂災害が多く発生している．**砂防**とは，これらの土砂災害を防いで人命や財産，道路などを守ることである．砂防事業とは，山地の荒廃を防いで自然を保護するため砂防ダムを建設したり，山の斜面を丈夫にするために植林したり，河道を階段状にして水の流れを弱めたり，水が流れやすいように川の流れを直したりすることである．日本の砂防技術が優れているため，**Sabo**は国際語にもなっている．ここでは，砂防工事について見ていくことにする．砂防施設の代表的なものは，砂防ダム，流路工，山腹工などである．

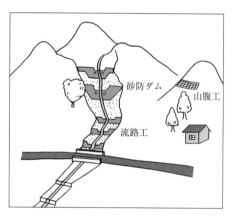

図 5・28　砂防概略図

砂防ダム ＝ 砂防堰堤

「砂防法」に基づき整備されるもので，砂防事業で整備する構造物のうち，代表的なものが土石流による災害を防ぐために渓流に設置する**砂防堰堤**である．砂防堰堤では，土石流を食い止める働きのほかに，土砂を貯めて渓流の勾配を緩やかにする働きや，一度に大量の土砂が下流に流れ出ることを防ぐ働きがある．最近では，土石流が起きた場合にだけ土砂や流木を食い止める働きをもつ，透過型砂防堰堤（スリットダム，セルダム）も設置される．透過型砂防堰堤は，中央部の本体をなくし，代わりに中央部に鋼製の枠などを設けた構造をもつ．

図 5・29　オランダ堰堤（大津市上田上桐生町）

ダムとの区別化を図るために砂防ダムから砂防堰堤と呼ぶようになっている。また，床固工（とこがためこう）との区別のため，ダム高が 10 m 以上のものを「砂防堰堤」といい，それ以下のものを「床固工」と呼んで区別することもある。

流路工 床固工
　山間部の土砂堆積地域において，河川の流路に護岸工，水制工，床固工などを組み合わせ，河道を安定させるために行う工法で，施工は普通，上流から下流に向けて行う。自然と調和した美しい流路工「牛伏川（うしぶせがわ）フランス式階段工」は日本で最も美しい砂防施設と称賛され，自然石を積み上げてつくられた大小の階段状の水流路工である。そのほかには，環境に配慮した間伐材を利用した木製流路工などもある。

山腹工
　山腹工とは，山腹の後背地に施工され，表土風化の進行，生砂（きずな）の生産・流出を防止するための森林造成工事である。山腹工には，土留工や水路工などの山腹基礎工や山腹緑化工，落石防止工がある。

One Point　オランダ堰堤

　1 級河川・草津川の上流に作られた石積みの砂防堰堤で，1889（明治 22）年，オランダ人土木技術者，ヨハネス・デ・レーケの指導，田邊義三郎の設計でつくられた。現在も砂防ダムとして十分な効果を発揮しており，明治以降の砂防事業のシンボル的存在である。堤長 34 m，直高 7 m，階段状の石積み 20 段（花崗岩の切石厚さ約 35 cm，幅約 55 cm，長さ約 120 cm）

　デ・レーケは淀川の治水工事だけでなく，木曽川の下流三川分流計画を成功させている。

8
土砂災害から生活を守る

土砂災害防止法　土砂災害防止法（土砂災害警戒区域等における土砂災害防止対策の推進に関する法律）は，土砂災害（がけ崩れ，土石流，地すべり）から住民の生命・身体を守ることを目的に 2001（平成 13）年 4 月に施行された．土砂災害を防止するため，従来の砂防三法（砂防法，地すべり等防止法，急傾斜地の崩壊による災害の防止に関する法律）による砂防工事や地すべり防止工事などのハード対策と，土砂災害が発生するおそれがある区域を明らかにし，危険の周知，警戒避難体制の整備，危険区域内の住宅の移転推進などのソフト対策を推進するものである．

■ 砂防指定地

砂防指定地とは，治水上砂防のため砂防堰堤などの砂防設備が必要と判断される土地，または，一定の行為を禁止，もしくは制限を行う必要がある土地について国土交通大臣が指定する区域である．

■ 地すべり防止区域

地すべり防止区域とは，地すべりによる崩壊を防止するための施設（排水施設，擁壁など）を設置するとともに，一定の行為を制限する必要があ

図 5・30　羽田谷砂防指定地
（岐阜県海津郡南濃町
大字奥条地内）

図5・31 急傾斜地崩壊危険区域（甲賀市信楽町中野）

る土地について主務大臣が指定する区域である．

■ 急傾斜地崩壊危険区域

　急傾斜地崩壊危険区域とは，傾斜度が30°以上，かつ斜面の高さが5 m以上の箇所のうち，保全対象人家が5戸以上，または5戸未満でも官公署，学校，病院，旅館などに危害が生じるおそれのある地区で，一定の行為を制限する必要がある地区について知事が指定する区域である．

■ 土石流，地すべり，急傾斜地の崩壊（がけ崩れ）の相違（表5・5）

表5・5　土砂災害の相違

	土石流	地すべり	急傾斜地の崩壊（がけ崩れ）
概要	一般に15°以上の渓流で発生し，非常に速い速度で流下し，停止堆積は2°～3°のところが多い．	ゆるい斜面で土地の一部がゆっくりすべる．	30°以上の急斜面が非常に速い速度で崩れ落ちる．
活動状況	突発性	継続性，再発性	突発性
土塊	先端部は巨礫が集中して流下するもので，後続流は泥水状のものが多い．	土塊の乱れは少なく，原形を保ちつつ動く．	かく乱される．
規模	約30 000 m³	約1 000 000 m³	約400 m³

9 波から人命・財産を守る

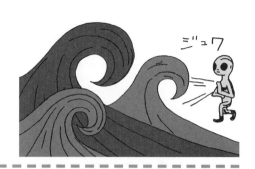

ジュ7

海岸保全施設

わが国の海岸線の総延長は約35000 kmある．漂砂による海岸侵食や港湾の埋没を防御し，自然災害の高潮・津波・波浪などから海岸線を守り，港を維持することが大切である．また，ウォータフロントにより親しみやすい海岸環境を整備することも重要な役割でもある．ここでは，海岸保全施設について見ていくことにする．

海岸保全施設とは，海岸保全区域内にある堤防，突堤，護岸，胸壁，その他海水の浸入を防止するための施設をいい，津波・高潮・波浪などの災害，海岸侵食などから人命や財産を防護する役割を担うもので，施設の整備は，海岸法において，防護・環境・利用面で調和のとれた海岸保全を目指し海岸保全基本計画を定めるものと示されている．

表5・6　海岸保全の目標

| 防御：安全で安心な暮らしを提供する海岸づくり |
| 環境：人にやさしく快適で活力のある海岸づくり |
| 利用：自然と共生した美しい海岸づくり |

■ 堤防・護岸

堤防の設計上，最も重要なことは堤防の高さ（天端高）である．すなわち，高潮のときに大きな波がくるものと考えて，これが堤防を越えないように決めている．また，海岸に打ち寄せる波の力は非常に大きく，堤防の欠壊や破損になるため，海岸堤防の前面にテトラポッドなどの消波ブロックを並べて，波の力を弱め，波の打ち上げを防ぐようにしている．

図5・32　防潮護岸

■ 防潮堤

高潮や津波，波浪などの自然現象による被害を防ぎ，内陸部を保全するために設ける堤防である（例：富士川河口から沼津市西部10 km，高さ17 mの防潮堤がある）．

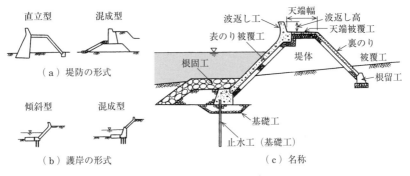

図5・33　堤防と護岸[5]

突堤

　主として，海岸侵食対策のために設置される施設である．突堤は，海岸から直角方向に突き出して設けられ，沿岸漂砂の一部を捕足し，沿岸流を海浜から遠ざけることによって，汀線の維持，前進を図ることを目的とした構造物である．突堤は1本でその機能を果たす防砂堤などがあるが，通常は複数の突堤を適当な間隔で配置した突堤群とする．

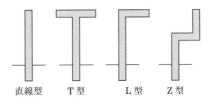

図5・34　突堤の形式（平面形）

離岸堤

　海岸から少し沖合に海岸に平行してつくられる．防波堤と異なり，天端高は高

図5・35　離岸堤

くなく，波は自由に越えるものの，波の勢いを弱めることができる．

ヘッドランド

　沿岸漂砂の多い直線的な海岸において，天然石などを用いて人工的に岬を複数建設して，岬間から沿岸方向に流出する砂を制御し，海浜の安定を図る施設である．離岸流が発生するため水難事故の原因になる．

人工リーフ

　自然の珊瑚礁がもつ優れた消波機能を利用し，沖合の水面下に捨石などを投下することで，人工的岩礁をつくり波を減衰させる沖合消波施設である．

5 章のまとめの問題

【問題 1】 日本の河川と世界の河川の比較をしてみよう.

解説 本章 5-1 節から,利根川とアマゾン川の河川延長などを比較・確認することや,本章表 5・1,図 5・4 から,日本の河川は急勾配で,河川延長や流域面積が小さいということが確認できる.

【問題 2】 河川工作物や護岸について調査してみよう.

解説 自宅近くの河川散策をして,写真やスケッチ図を作成してみよう.本章 5-4〜5-6 節を参照し,名称や役割を確認しよう.

〈ヒント〉各市町村のホームページで確認してみよう.

自分の住んでいる地域の治水や利水が学習できる施設を訪問し,見聞を広めてみよう〔例えば,アクア琵琶（大津市）,琵琶湖疏水記念館（京都市）,琵琶湖博物館（草津市）,淀川資料館（枚方市）など〕.模型見学や体験できる施設を活用し,五感で学習してみよう.

また,新聞や歴史書から治水に関連することをスクラップし,興味・関心を高めることができる.

【問題 3】 砂防ダムについてまとめてみよう.

解説 本章 5-7 節を参照してまとめてみよう.

砂防ダムとは,土砂災害防止を防ぐために渓流などに設置される（砂防設備）施設である.砂防法に基づき整備され,一般のダムとは異なり,土砂災害の防止に特化したものをいう.近年ではダムとの区別化を図るために砂防ダムとは呼ばず,砂防堰堤と呼ばれる.

【問題 4】 河川水害から私たちの生活を守るための注意情報にはどんなものがあるのか調べてみよう.

解説 河川の増水や氾濫などに対する水防活動の判断や住民の避難行動の参考となるように,国土交通省または都道府県と気象庁は共同して,あらかじめ指定した河川（洪水予報指定河川）について,区間を決めて水位または流量を示した予報を発表している.

4 種類の洪水予報や指定河川洪水予報（とるべき行動）等がある.

洪水予報の種類や指定河川洪水予報と警戒レベルとの関係,洪水予報で発表される情報に対する水位について調査することで,河川に関する情報を確認できる.

6章

利　水

　私たちが快適で潤いのある暮らしをしていくために，いろいろな法律や対策，事業，施設・設備などがある．

　生活に不可欠な水を確保し，河川や湖沼から堰やダムなどを利用して取水し，浄水場にて飲料用に適した水に浄化し，各家庭に給水する上水道．また，使用した水を下水処理場に運び水質保全に適した水に戻し，河川へ放流する下水道．そして，水力発電など．

　この章では，水資源の確保と上水道・下水道の役割や施設・設備について学習することにする．

南禅寺水路閣，疏水記念館ペルトン水車，夷川発電所

南禅寺水路閣（1890〈明治23〉年完成　田辺朔郎設計）
琵琶湖疏水事業の一環として施工された水路橋（延長 93.17 m，幅 4.06 m，水路幅 2.42 m，2 t/s の水が流れている．）で，煉瓦造のアーチ構造である．

1

水資源ってなに?
──使える水,
水の確保

使いやすい水
=
河川・湖沼
=
地球上の
0.01%

水資源開発施設

水資源には河川水,湖沼水,地下水,湧水,海水,下水処理水などがあり,水利用の大部分は河川水と地下水が占める.わが国の年降水量は,世界平均年降水量の約2倍あり降水量に恵まれているが,河川の流域面積が小さく,勾配が急峻で短いために,降雨や融雪水は短時間で海へ流出する.また,梅雨や台風などより河川流量は季節変動が大きく,河川水の利用条件は悪い.古くから河川水は農業用水に利用され,新規の水利用を計画する場合には,新たに水資源を開発することが必要となる.そして,1年を通じて一定の水量を河川から取水できるようにすることが,水資源の開発において大切であるといえる.ここでは,水資源開発施設などについて見ていくことにする.

河川の流量の変動にかかわらず,1年を通じて一定の水量を河川から取水する目的で,ダムや堰などの水資源開発施設が建設される.

完成した水資源開発施設は,ダム

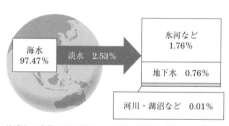

海水 97.47%　淡水 2.53%

氷河など 1.76%

地下水 0.76%

河川・湖沼など 0.01%

地球上の水約 13.86 億 km³,河川・湖沼など約 0.11 億 km³

図6・1　地球上の水の量

表6・1　水資源開発施設

ダム,堰	工業用水,水道用水,工業用水の確保を目的とし,それぞれ専用の施設を建設する場合と,治水や流水の正常な機能の維持,水力発電などの目的を併せもった多目的施設を建設する場合がある.
湖沼開発施設	湖沼の水位を人為的に調整して,ダムと同様に新たな水量を利用する.琵琶湖開発施設,霞ヶ浦開発施設などがある.
流況調整河川	年間の流量の変動が異なる複数の河川を接続し,一方の河川の流量が不足するときに他方の河川から導水することによって,新たな水量を確保する.北千葉導水路,霞ヶ浦導水などがある.

図6・2　長良川河口堰

貯水池などの水面と周辺の自然豊かな景観により良好な水辺環境をつくりだす．渇水時には河川に水が流れることにより水環境の改善や水質の向上に貢献し，形成された良好な水辺環境は，地域住民や都市住民の憩いの場として活用される．

水資源の有効利用

わが国の使用水量の大部分は河川水に依存している．河川水は有限であり開発が進むにつれて，河川水の開発適地が少なくなり，開発効率も悪くなるので，需要に合わせて水資源を開発し続けることは困難となった．水不足の生じやすい地域では，水資源の無駄を省き，効率的に利用することが必要である．

　工業用水では早期から水使用の合理化が進められ，水管理の徹底や使用水の回収再利用により水使用量の減少が図られ，放流水域の汚濁防止の観点からも使用水を浄化・処理して再利用する割合が高くなってきている．

　生活用水では，老朽水道管の取替えによる漏水防止や節水型の洗濯機・便器の普及，節水ごまの使用等による節水対策が行われ，排水処理水や雨水が雑用水として活用される．

　農業用水では，反復使用，水利施設の整備，水路のパイプライン化による節水が行われ，農地転用により不要となった農業用水の都市用水への転用が行われる．

　河川水，地下水のほかに，下水処理水を工業用水，雑用水（水洗便所用や散水用など），河川の流量補給などの環境用水として活用している．離島では，海水を淡水化して飲料水として利用している．詳しくは上水道，下水道の節で説明する．

2
地形と地質にあう ダム

黒部第四ダム
（アーチ式）

ダムとは河川や谷間を横切って，河川の水を貯留して，私たちの生活を洪水から守り，発電や水道水の取水源などの目的に使用される土木構造物である．ダムを高さにより分類すると，15 m 未満のものを**取水ダム**，15 m 以上のものを**高ダム**という．一般にダムは，場所の地形や地質状況，使用する材料によって分類される．ここでは，ダムの形式や特徴について見ていくことにする．

まず，使用材料による分類をすると，コンクリートダム，ロックフィルダム，アースダムに分けられ，コンクリートダムは構造的に，重力，中空重力，バットレス，アーチに分かれる．

ダムの分類・機能

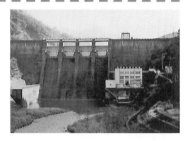

図6・4　鹿野川ダム（重力式）

図6・5　丸沼ダム（バットレス式）

```
       ┌ コンクリートダム ┬ 重力ダム
       │                  ├ 中空重力ダム
       │                  ├ バットレスダム
ダム ──┤                  └ アーチダム
       ├ ロックフィルダム
       └ アースダム
```

図6・3　ダムの分類

図6・6　奈良俣ダム
（ロックフィル式）

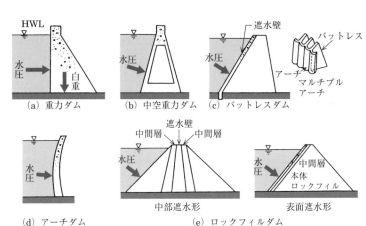

図6・7 ダムの種類

表6・2 ダム

重力ダム	ダム自身の重量によって水圧や地震などの外力に抵抗するように設計されるダム. コンクリートの量が多く必要で, コンクリート硬化時の水和熱の対策が必要. 比較的良い地盤が必要で最も多くつくられるダム.
中空重力ダム	重力ダムとバットレスダムの中間構造をもったダム. 外部は重力ダムに似ているが内部は中空のため, コンクリート量は少なくてすみ経済的.
バットレスダム	コンクリートの壁を組み合わせてつくったダム. 上流部の遮水面を床版またはアーチでつくり, 下流部のバットレス（扶壁）で支える. 地震に不適.
アーチダム	コンクリートアーチにより水圧を両岸に伝える形式で, 薄い壁でつくることができる. アーチ効果を有効に発揮できる狭い渓谷で良好な岩盤が必要.
ロックフィルダム	材料として石, 岩塊を積み上げてつくったダム. ダム地点で, 適当な岩石が得られる場合, 経済的に軟弱な地盤にもつくることができる.
アースダム	土を盛り上げ, 突き固めたダム. 洪水などにより余水の越流がないようにする. 漏水による破壊に注意.

【洪水調節】
洪水時に上流からの河川流量をダムで調節し, 下流の河川流量を低減し洪水被害の軽減を図る.

【利水補給】
工業用水や水道用水, 農業用水を補給する.

ダムの機能

【発電】
落差を利用して, 電気を発電する.

【流水の正常な機能の維持】
ダム下流の既得用水の確保, 河川環境の保全などのための流量を確保する.

図6・8 ダムの機能

3
水の力を利用して
電気をつくる

水力発電

　わが国の発電の方法は，水力発電から火力発電に変わってきた．しかし，火力発電所の排気ガスによる公害問題，原子力発電所の放射性物質の事故など，安全性の問題で，再び水力発電が見直されつつある．ここでは，水力発電の概要について見ていこう．

① 水力発電 ── 潮力発電を含む
② 火力発電 ── 汽力発電，内燃力発電，
　　　　　　　　ガスタービン発電
③ 原子力発電
④ その他 ──── 太陽エネルギー "サンシャイン計画"
　　　　　　　　海洋温度差発電
　　　　　　　　風力発電

図6・9　発電の方法

　水力発電とは，ダムや水路などによって水に位置エネルギーを与え，この高所の水を連続的に落として速度や圧力のエネルギーに変え，さらに，これを水車に作用させて機械的（回転）エネルギーに変え，水車に直結する発電機で発電する方式である．すなわち，河川に戻すときの水の落差を有効に利用する発電である．

■ 水路式発電所

　勾配の急な河川や曲がりくねった河川に，取水ダムを設け，緩やかな導水路により落差を利用して発電する方法である．

■ ダム式発電所

　河川に比較的高いダムを設け，これによって流量を調整し，せき上げによって生じた落差を利用して発電する方法である．

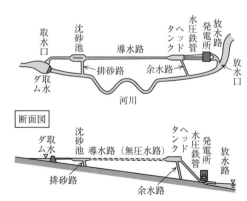

図6・10　水路式発電所

■ ダム・水路式発電所

ダム式と水路式の2方式を混合し、ダムと水路で落差を得て発電する方法である。

■ 揚水式水力発電

電力の需要の少ない夜間や豊水期の水量の豊富なときに、余った電力を利用してポンプを運転し、貯水池に水を汲み上げて蓄え、これを昼間の電力のピーク時に放流して発電する方法である。

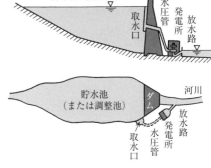

図6・11　ダム式発電所

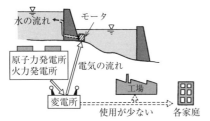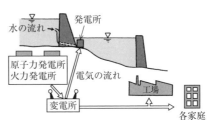

(a) 夜間（揚水中）　　　(b) 昼間（発電中）

図6・12　揚水式発電所

> **発電水力計画**

水のもつエネルギーを**水力**といい、水力は**使用水量 Q**〔m³/s〕と落差 H〔m〕の2要素から成り立つ。Q の水が H の落下により得られる動力を P〔kW〕とすると

$P = 9.8\,QH$

となり、P を**理論水力**という。H は、取水口の水位から放水口の水位の差、すなわち総落差から、損失落差（導水路・水圧管路・放水路などの損失）を差し引いたもので、これを**有効落差**という。

小水力発電とは、大きなダムや水路をつくることなく、上下水道や農工業用水などの水エネルギーを利用して発電するものである。嵐山保全保勝会水力発電所が渡月橋の照明設備に利用されている。

図6・13　嵐山小水力発電
（サイフォン式プロペラ水車）

4

上水道ってなに？
──水の旅

| 上水道の役割 |

毎日何げなく使用している水．約 1～1.5 L の飲用と，食品に含まれる水分量を含めて，約 2～3 L の水が 1 日に人間にとって必要といわれている．上水道は，飲用の他に炊事・洗たく・掃除・入浴・水洗便所などに利用され，河川水や地下水を浄化して上水を確保している．ここでは，上水道の役割・しくみについて見ていくことにする．

上水道とは，飲用水のことで，導管およびその他の工作物により，人の飲用に適する水を供給する施設の総体をいう，と「水道法」で定義されている．また，いつでも安心して飲用できる水を，豊富になるべく安価に供給でき，火災時には消火に役立つ施設であ

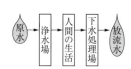

図 6・14　上水道の三要素

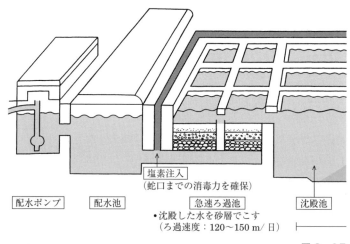

| 配水ポンプ | 配水池 | 急速ろ過 | 沈殿池 |

塩素注入
（蛇口までの消毒力を確保）

・沈殿した水を砂層でこす
（ろ過速度：120～150 m／日）

図 6・15

4 上水道ってなに？——水の旅

る．このため，**水量・水圧・水質**が大切となる．これを上水道の三要素という．
浄水場のしくみは**図6・15**のとおり．

上水道の給水内容

上水道の給水量は，次のように分類される．

① 生活用水：飲料，料理，洗たく，風呂など

② 業務・営業・工場：各種商工業用水

③ 公共用水：官公署，学校，病院，公園，街路
洗浄および消火用水など

④ 漏水，計量誤差など

給水量とは①から④までの合計であり，都市の発
達や生活文化の向上により給水量は増加していた
が，2000（平成12）年以降低下している．

図6・16 蹴上浄水場・
京都市

水道普及率＝総給水人口／総人口（全国98.0%，京都99.7%，熊本88.1%）

One Point 高度浄水処理——オゾン処理，活性炭処理

オゾン処理は，オゾンの有する酸化力により，有機物を酸化分解する処理方法で
あり，強力な殺菌力を有するので消毒に用いられることもある．
活性炭処理は，活性炭の有する吸着力により，有機物（色度，臭気成分を含む）
などを吸着除去する処理方法である．現在，両処理を組み合わせる場合が多い．

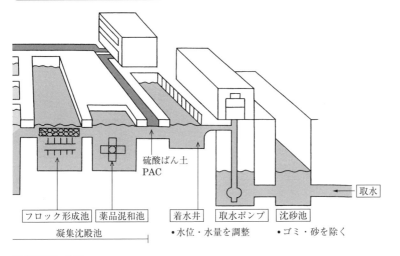

| フロック形成池 | 薬品混和池 | | 着水井 | 取水ポンプ | 沈砂池 |

硫酸ばん土
PAC

取水

凝集沈殿池　・水位・水量を調整　・ゴミ・砂を除く

浄水場のしくみ

5
安全な水をつくる

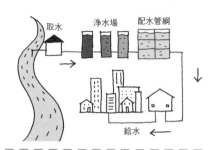

水源と取水施設

上水道の水源を大別すると，地下水と地表水に分けられる．地下水は，高度な浄水施設を必要としない場合，地表水は大規模の上水道が必要な場合に用いられる．計画取水量は計画1日最大給水量の10%程度増とする．

導水と送水施設

水源から取水した原水を浄水場まで導くことを**導水**，浄水を浄水場から配水場まで送ることを**送水**という．送水施設は管水路，導水施設は沈砂池が必要である．施設の基準となる水量は，導水施設においては計画取水量，送水施設においては計画1日最大給水量である．

浄水施設

河川水や湖沼水など原水は，多くの不純物を含んでおり，飲用水として不適である．この不純物を除去して，水道法の水質基準に適合するように水質を改善することが浄水の目的である．浄水方法としては，**沈殿→ろ過→消毒**の手順で行われる．計画浄水量は，計画1日最大給水量を基準とする．沈殿には普通沈殿と凝集沈殿があり，ろ過には緩速ろ過と急速ろ過がある．

（a）新山科浄水場・京都市

普通沈殿と薬品沈殿
緩速ろ過と急速ろ過

普通沈殿は，流速を遅くするか静止させることにより浮遊物を沈殿させる方法である．**薬品沈**

（b）ロクハ浄水場（傾斜管式）・草津市

図6・17　薬品沈殿池

（a）蹴上浄水場・京都市
（日本最初の急速ろ過池，1912〈明治 45〉年）

（b）新山科浄水場・京都市

図 6・18　急速ろ過池

殿は，硫酸ばん土などの薬品を加えてフロック（凝集した物質）を形成させ，早く沈殿させる方法である．**緩速ろ過**は，浄水を 4〜5 m/日の速度で自然の水圧でろ過する方法である．**急速ろ過**は，薬品によって凝集沈殿させた水を 120〜150 m/日の速度でろ過する方法で，30 倍の効果をもつ．

配水・給水施設

浄水施設で浄化された水を給水区域内に配給することを**配水**という．配水施設は，配水池と配水管から構成される．配水池の有効貯留量は，通常 1 日最大貯水量の 8〜12 時間分を標準とする．配水管は，給水区域全体に対して水圧が 1.5 kg/cm^2 となるよう水道施設基準で定められている．配水管の材料としては，鋳鉄管，ダクタル鋳鉄管，鋼管などが用いられる．

給水施設は，配水施設に直結する給水装置と直結しないタンクなどの装置からなる．給水管としては，鉛管，銅管，塩化ビニル管などが用いられる．

One Point　水道水質基準は，水道法第 4 条厚生労働省令

　水道水質基準は，水道法第 4 条に基づいて厚生労働省令によって定められている．水質基準は，2004（平成 16）年 4 月 1 日に大幅に改正された後，一部改正が行われた．現在は水質基準項目と基準値（51 項目），水質管理目標設定項目と目標値（27 項目），要検討項目と目標値（46 項目）が定められている．また，水道法第 22 条に定められた衛生上の措置として，厚生労働省令により水道水には遊離残留塩素を 0.1 mg/L 以上保持することが義務付けられている．

図 6・19　配水池
（八幡市美濃山高区
配水池）

6

1日に使う水の量

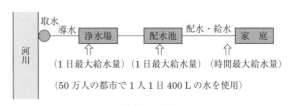

（1日最大給水量）（1日最大給水量）（時間最大給水量）

（50万人の都市で1人1日400Lの水を使用）

給水量の設計

| 計画給水量 |

計画給水量は，現状をもとにして将来の人口増加，給水区域の拡大，給水普及率の上昇などを考え，15〜20年後を目標に計画する．ここでは，計画給水量の求め方について見ていくことにする．まず，給水量の求め方は次のとおりである．

① 給水区域を定める．

② 将来何年先か（計画年次）を定める．

③ 計画年度における給水人口を予測する．

④ 給水人口から計画給水量を決定する．

⑤ 計画1日最大給水量を求める．

| 計画給水量
の算定数値 |

計画給水量には，計画1日最大給水量，計画1日平均給水量，計画時間最大給

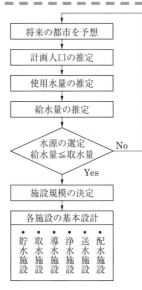

図6・20　給水量の求め方

水量があり，給水量の月変化や日変化，時間変化を考え計画給水量を求める．

① 計画1日最大給水量＝（計画1人1日最大給水量）×（計画給水人口）

② 計画1日平均給水量（大都市・工業都市）＝（計画1日最大給水量）×0.80

（中小都市）＝（計画1日最大給水量）×0.70

③ 計画時間最大給水量

$$（大都市・工業都市）＝（計画1日最大給水量）× \frac{1}{24} × 1.30$$

$$（中小都市）＝（計画1日最大給水量）× \frac{1}{24} × 1.50$$

例題

小都市の上水道の給水量を求めよ.

計画1日最大給水量は，計画1人1日最大給水量に給水人口と給水普及率を掛ければ求まる.

給水人口が 30 000 人，給水普及率が 70%，計画1人1日最大給水量を 300 L としたとき，計画給水量を求めよ（$1 \text{ L} = 1\,000 \text{ cm}^3$，$1 \text{ m}^3 = 1\,000 \text{ L}$）.

計画1日最大給水量 $= 30\,000 \text{ 人} \times 300 \text{ L/人·日} \times 0.70$

$\qquad\qquad\qquad\quad = 6\,300\,000 \text{ L/日} = 6\,300 \text{ m}^3/\text{日}$

計画1日平均給水量 $= 6\,300 \times 0.70 = 4\,410 \text{ m}^3/\text{日}$

計画時間最大給水量 $= 6\,300 \times \dfrac{1}{24} \times 1.50 \fallingdotseq 394 \text{ m}^3/\text{時間}$

水　質

水道水の水質は，「水道法」の水質基準に合格する水でなければならない．要約すると，次のとおりである．

① 病原菌と人に対する有害物質を含まないこと.

② 臭気，味，色度および濁度など，いわゆる物理的試験項目が良好で，不快感を

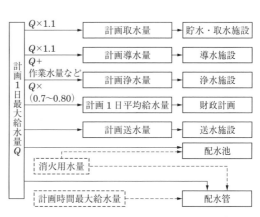

図 6·21　各施設と計画1日最大給水量[1]

与えないこと（現在の水質基準は p. 167，One Point を見て確認できる）.

1993（平成 5）年度に改正された「水質基準に関する省令」で，水質基準項目にトリハロメタンが追加された．**トリハロメタン**とは，アンモニア，マンガンなどを除去するために注入される塩素と原水中の有機物により生成されるもので，アメリカのニューオリンズの水道水の中にトリハロメタンが多く，ガン死亡率が高かったため問題となった.

その他，大腸菌，シアン，塩素イオンなど，多くの水質基準項目により飲料水はチェックされ，私たちの家庭に供給されている.

7
海水を水に変える

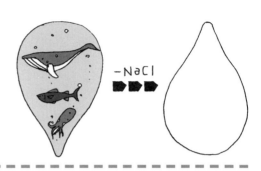

淡水化技術

　海水を淡水化する歴史は古いが，本格的な実用化は1960（昭和25）年に入ってからである．人口の増加や生活水準の向上，異常気象などが重なって，近年，世界的に水不足地域が拡大している．通常の海水の塩分濃度は約3.4%，地球上に存在する水の97.5%はこのような塩水である．海水の淡水化は，原理的には海水中に溶解している塩分を除去するか，海水中の淡水のみを取り出すかである．離島では飲料用水として利用され，1967（昭和42）年に運転開始した長崎の池島（源水：海水，造水能力2 650 m³/日），東京都の大島（1972〈昭和47〉年），愛媛県の日振島・弓削島，沖縄県の渡名喜島，粟国島などがある．沖縄においては，都市用水用の大規模な海水淡水化プラントの導入が進められている．これは，わが国最初の都市用のものである．

　また工業用水用としては，火力・原子力発電のボイラー用水などに利用される．

　水資源を有効に活用するために主要な河川にダムなどの施設がつくられ，上水道として飲料水などに用いられている．沖縄をはじめとした南西諸島，瀬戸内海地域の島々では，渇水問題の解決方法として海水淡水化の導入を行い，飲料水，水資源を確保している．ここでは，海水の淡水化について見ていくことにする．

　淡水において，実用プラントに採用されている淡水化方式は，蒸発法，逆浸透法，電気透析法の3つがあげられる．

表6・3　淡水化方式

名　称	しくみ
蒸発法	海水を蒸発させて蒸留水をとる方法
逆浸透法	イオン交換樹皮膜により淡水と塩水とを分離する方法
電気透析法	半透膜を用いて圧力差により淡水と塩水とを分離する方法

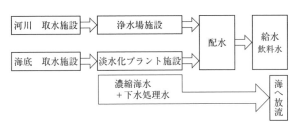

図6・22　海の中道奈多海水淡水化センター

　海水淡水化のためには，まず海の水を取水する施設が必要である．海中に取水管を設置する直接取水方式以外に，海底の砂の中に取水管を埋設する浸透取水方式があり，海の緩速ろ過システムとも呼ばれ，砂の層を利用して海水をろ過する方式である．淡水化による濃縮海水は，直接海に放流する場合や下水処理水と混ぜ合わせ，濃度を薄めて海に放流する場合がある．

　蒸発法の原理は海水を加熱して蒸気を発生させ，その蒸気を凝縮して淡水を得る方法である．逆浸透法（RO）は海水に圧力をかけて，その圧力のある海水を，特殊な膜（水は通すが水に溶解している塩類は通しにくい性質を有する膜，半透膜という）を用いて真水のみを透過させて淡水を得る方法である．また，電気透析法は，特殊な膜（溶解した成分の荷電で選択的に透過させるか阻止するかの2種の電気透析膜）を交互に並べて，海水を入れたそれらの部屋の両側に電位を与えたとき，希薄部と濃縮部に分離されることを利用し，希薄部から真水を取り出す方式である．淡水化システムの主要エネルギーとして，蒸発法では熱エネルギーが，逆浸透法ではポンプを駆動する電気エネルギーが用いられる．

相変化有	蒸発法	多段フラッシュ法
		多重効果法
		蒸気圧縮法
相変化無	膜法	逆浸透法
		電気透析法

図6・23　海水淡水化の方式

> **One Point** 世界の淡水化プラント
>
> 　世界最初の淡水化プラントは1944（昭和19）年イギリスに設置された．
> 　現在，世界最大の海水淡水化プラントは1985（昭和60）年に全施設が完成したサウジアラビアのアルジュベール（蒸発法多段フラッシュ：46基，100万 m³/日），イスラエルのアシュケロン（逆浸透法：40基，約400 000 m³/日）．
> 　日本最大の海水淡水化施設は，2005（平成17）年完成の福岡地区水道企業団，海の中道奈多海水淡水化センターである（逆浸透法：50 000 m³/日）．

8

下水道ってなに?
――使った水の旅

下水道の役割

上水道により供給された水は，下水道により河川へ放流されている．そのため，下水道の整備は大切な意味をもつ．下水道の目的は，家庭生活や産業活動から発生する汚水，雨水および地下水を速やかに排除し，処理することである．残念であるが，わが国は世界の国々に比べ下水道の整備が劣っているのが現状である．ここでは，下水道の役割と構成と種類について見ていくことにする．

表6・4　下水道の役割

- 雨水排除による浸水防止
- 汚水排除による居住環境の改善
- 水洗化による環境衛生の整備
- 伝染病の予防
- 排水処理による公共用水域の保全
- 水資源としての循環利用・再利用

下水道の構成と種類

下水道は，下水を排除するための排水設備，管きょおよびこれに接続して下水を処理するための処理施設，ポンプ場からなる．現代の下水道は，下水を排除するだけ

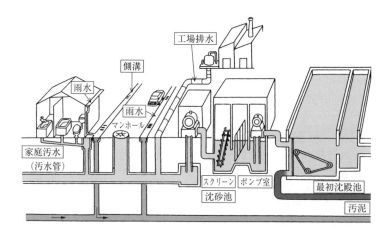

図6・24

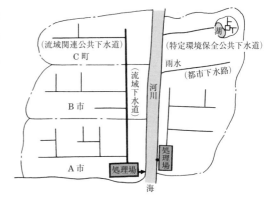

図6·25 下水道の普及率

日　本		79.7%（2019）（政令都市97.4%）
シンガポール		100%（2011）
フランス		82%（2004）
イギリス		98%（2005）
アメリカ		71%（2006）

でなく，終末で下水を処理する施設を有することが条件となっている．下水道を分類すると，次のようになる．

- 公共下水道
- 流域下水道
- 都市下水路
- 特定公共下水道
- 特定環境保全公共下水道

図6·26 下水道の構成と種類

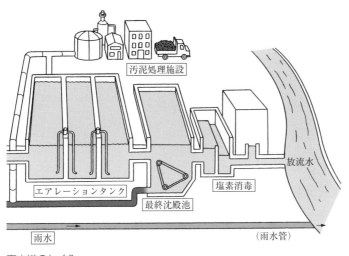

下水道のしくみ

9

下水とは？
──雨水と汚水

下水量の推定　下水道計画を行う
うえで基本となるの
は汚水量と雨水量の推定である．ここでは，
汚水量と雨水量の推定方法とともに，下水の
排除方式について見ていくことにする．

「下水道法」
「下水とは，生活もしくは事業（耕作の事業
は除く）に起因し，もしくは付随する排水
（以下「汚水」という）または雨水をいう．」

図 6・27　下水の種類

　汚水量は，汚水管や下水処理場の大きさの
決定の基準となる．また，雨水量は汚水量に
比べはるかに大きく，合流式下水道の場合，下水管の断面はほぼ雨水量によって
決定される．

① 　生活汚水量：上水道の計画給水量に等しい．

　　1 人 1 日平均 200〜250 L，1 人 1 日最大 300〜350 L

② 　産業廃水

③ 　地下水量：1 人 1 日最大汚水量の 10〜20%

■ **計画汚水量**

① 　計画 1 日最大汚水量 =（計画 1 人 1 日最大汚水量）×（計画人口）

　　　　　　　　　　　+ 産業廃水 + 地下水量

② 　計画 1 日平均汚水量

　　大都市・工業都市 =（計画 1 日最大汚水量）× 0.80

　　　　中小都市 =（計画 1 日最大汚水量）× 0.70

③ 　計画時間最大汚水量

　　大都市・工業都市 =（計画 1 日最大汚水量）× $\dfrac{1}{24}$ × 1.30

　　　　中小都市 =（計画 1 日最大汚水量）× $\dfrac{1}{24}$ × 1.50

計画雨水量

わが国の計画雨水量は，原則として合理式を用いる.

① 合理式　$Q = \dfrac{1}{360}\,CIA$　② 実験式　$Q = CRA_\eta\sqrt{\dfrac{S}{A}}$

Q：最大計画雨水流出量〔m³/s〕　　R：降雨強度〔L/ha·s〕

C：流出係数　　　　　　　　　　S：地表勾配〔%〕

I：流速時間内の平均降雨強度〔mm/h〕　$\eta = 4$　ビュルクリー・チーグラー

A：流域面積〔ha〕　　　　　　　$\eta = 6$　ブリックス

合流式

① 汚水管，雨水管を布設する分流式に比べ，管きょが1条ですむため建設費が安く，施工が比較的容易である.

② 管きょ断面が大きいので，小口径管の多い分流式に比べ埋設深さが小さくてすみ，清掃・点検が容易である.

分流式

① 汚水は雨水と分離して排除し，すべて下水処理場で処理するため，水域の保全ができる.

② 下水処理施設の容量は，汚水のみを対象とするため小さくてすむ.

③ 下水処理場に流入する下水の水質の変動が少ない.

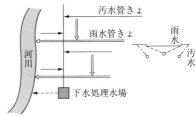

図6・28　分流式

下水排除施設

下水は自然流下により排除される. 地形上，不可能な場合は中継ポンプにより排除される. 下水管には，陶管・鉄筋コンクリート管・遠心力鉄筋コンクリート管・硬質塩化ビニル管などが用いられ，公道の下に敷設される.

下水管の付属設備として，排水管・雨水ます・汚水ます・マンホール・雨水吐き室・ポンプなどがある.

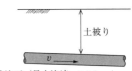

自然流下（最小流速 v：0.6 m/s
　　　　　汚物の沈殿，管きょの磨耗防止）

道路法
「下水道管の本線を埋設する場合においては，その頂部と路面との距離は3m（工事実施上やむをえない場合にあっては1m）以下としない.」
ϕ：計画時間最大汚水量より決定
　　最小管径は200 mm

図6・29　管きょ

10

きれいな水に返すまで
―― 下水から放流水

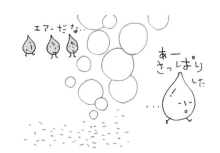

下水処理場　　　　下水処理は, 下水処理水を公共用水域に放流した場合に, 水質汚濁の問題が発生しないよう, 下水中から汚濁物質を除去することである. 下水は, 下水処理場によりきれいな水に生まれかわり, 魚の住める川へ流される. ここでは, 下水処理について見ていくことにする. 下水は, **図6・31**の処理工程により河川へ放流される.

図6・30　鳥羽下水処理場（京都市）

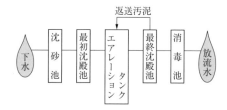

図6・31　下水処理方法（活性汚泥法）

活性汚泥法　　　　下水に空気を吹き込むと, 茶褐色のゼラチン状のフロックのようなものが発生してくる. これは, 下水中の有機物を食物として増殖した好気性微生物であり, **活性汚泥**という. 活性汚泥は, 酸化力と凝集吸着力が強く, 静置す

図6・32　沈砂池

図6・33　最初沈殿池

れば短時間で沈殿分離し，きれいな上澄みが得られる．この現象を利用したものが**活性汚泥法**（活性スラッジ法）である．

図6・34　エアレーションタンク

図6・35　最終沈殿池

図6・36　汚泥処理施設

表6・5　水質用語

生物化学的酸素要求量 BOD	水の汚れを示す重要な指標の一つで，水中の有機物（汚れ）を微生物が分解するときに必要な酸素量を表しており，汚れがひどいほど，多くの酸素を必要とするため，値が大きくなる．水道水の原水は 3 ppm 以下が望ましい．
化学的酸素要求量 COD	化学薬品によって分解できる水の汚れを表す指標で，化学分解のときに必要な酸素の量で表しており，BOD 同様，汚れがひどいほど，値が大きくなる．きれいな河川は 1 ppm 程度．
浮遊物質量 SS	水に溶けずに浮遊している物質の量を表しており，この値が大きいほど，見た目にも汚れがはっきりわかる．
大腸菌群	普通，人畜の腸管内に生息しているもので，し尿汚染の指標となる．
溶存酸素 DO	水中に溶けている酸素量をいう．汚染が著しいほど，低い濃度となる．魚類の生存限界 1.4〜2.1 ppm．

土木の歴史｜国土計画｜数理的計画論｜交通｜治水｜**利水**｜都市計画｜環境保全｜防災

11

より安全な水に ——処理水，汚泥を 活用する

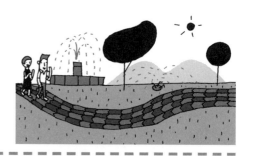

　下水道の普及により川や海などの汚れはかなり改善された．しかし，水環境に対して「快適性」や「潤い」を求める人々の声が大きくなり，より清らかな処理水を公共用水域に供給し，親しめる水辺環境を下水道の高度処理により早期実現することが大切となっている．ここでは，処理された水と下水処理場から出る汚泥の資源活用について見ていくことにする．

表6・6　高度処理導入の目的

- 閉鎖性水域の水質保全（富栄養化防止）
- 河川の水質保全
- 水道水源の水質保全
- 下水処理水の再利用

高度処理とは，通常の高級処理（活性汚泥法など）による処理水の水質をさらに向上させるために行う処理をいい，通常の高級処理の除去物質である BOD，SS 等の除去効率の向上のほか，高級処理では十分除去できない物質（窒素，りん）の除去効率の向上を目的とする．

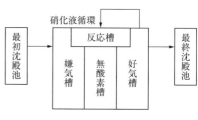

図6・37　A_2O 法

方法としては，嫌気・好気法（AO 法），嫌気・無酸素・好気法（A_2O 法，上図）嫌気・硝化内生脱窒法（AOAO 法）がある．

　下水処理場で処理された水や発生する汚泥は，いろいろな資源として利用されている．処理水は公共施設の水洗用水や散水用水などに利用され，汚泥は公園などのインターロッキングブロック舗装やタイルの材料に利用されている．

最近では，下水処理場を防災空間として活用したり，市民プラザや武道館を建設するなど，地域社会に貢献するため，新しい取組みも行われている．

　また，地下の下水道管に光ファイバーケーブルを通して，情報化社会に寄与する設備としても活用されている．

図 6・38　放出下水処理場（放出せせらぎの里：屋上緑化,農園駐車場,広場）

処理水	汚泥
・水洗用水 ・散水用水 ・修景用水 ・親水用水 	・レンガやタイルの原料 ・砂利の代わりやセメントの原料 ・ガス発電 ・肥料

下水処理場やポンプ場
- スポーツ施設（テニスコート，野球場，ゲートボールコートなど）
- 公園
- 温室，農園
- 集会場

図 6・39　資源・施設の利用

One Point　再生水の利用

　福岡市において 1980（昭和 55）年に水洗用水として再生水（再利用に供する下水処理水）が利用された．その後，水洗用水，融雪用水，環境用水，工業用水，散水用水などさまざまな用途に再生水が利用されるようになってきた．
- ・水洗用水：水洗便所においてフラッシュ用水用途に用いる水
- ・散水用水：植樹帯，芝生，路面，グラウンドなどへの散水用途に用いる水
- ・修景用水：景観維持を主たる目的としており，人間が触れることを前提としていない用途に用いる水
- ・親水用水：レクリエーションとしての水

6 章のまとめの問題

【問題1】 近くにあるダムの名称や形式・特徴を調べてみよう.

解説 各市町村のホームページを見たり,実際にダム見学をしたりするとよくわかる.ダムの種類や特徴については本章 6-2 節を参照し確認してみよう.例えば,黒部第四ダムのホームページを参考にしてみよう(黒部ダムオフィシャルサイト).

黒部第四ダム:コンクリートアーチにより,水圧を両岸に伝える形式のダムであり,日本国内において堤高,堤頂長,堤体積が 1 位である.

【問題2】 毎日使用する水や使ったあとの水について,自分の住む地域の浄水場や下水処理場を訪ねて調べてみよう.

解説 水道局にあるパンフレットを読んだり,施設公開日に見学したりして,各施設のしくみについて学習してみよう.水道週間(6 月 1〜7 日)のイベントに参加してみよう.本章 6-4, 6-5 節を参照し確認してみよう.

下水道局にあるパンフレットや施設公開日に見学し,しくみについて学習してみよう.9 月 10 日は「下水道の日」イベントに参加しよう.本章 6-10 節を参照し確認してみよう.

【問題3】 計画雨水量を合理式 $Q = 1/360\ CIA$ を用いて計算してみよう.本章 6-9 節を参照しよう.

$C = 0.75$, $I = 60$ mm/h, $A = 20$ ha

解説 $Q = 1/360 \times 0.75 \times 60 \times 20 = 2.5$ m^3/s

【問題4】 水質に関する用語や基準値について調べてみよう.

解説 本章 6-5, 6-10 節を参照して,自分の住んでいる市町村のホームページから浄水場や下水処理場を調査し,水質用語や基準値を探求してみよう.

参考:水質汚濁に係る環境基準

人の健康の保護に関する環境基準

生活環境の保全に関する環境基準(河川)

生活環境の保全に関する環境基準(湖沼)

生活環境の保全に関する環境基準(海域)

一般排水基準

(以上,環境省)

7章

都市計画

　都市に人々が集まる目的の一つは，新しい出会いの中で，学業や就業を通して将来に向かっての生き方を選択したい，という思いからではなかろうか．都市は，これらの人々の定着によって集積の度合いを増しながら，次第に改変され，拡散型都市構造を形成してきた．

東京スカイツリーと隅田川

1

豊かさが実感できる都市づくり

国土利用計画法　国土利用計画法は，重要な資源である国土を，総合的かつ計画的に利用するために必要とされる規定をおく法律である（**図7・1**）．

国土利用計画法
↓
国土利用計画 { 国土の利用に関する基本構想，国土の利用目的に応じた区分ごとの規模の目標等について定める. }

全国計画 → 都道府県計画 → 市町村計画

（基本とする）

土地利用基本計画

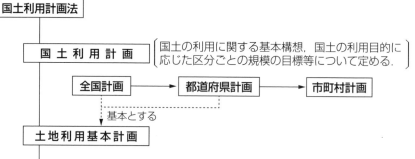

地　域	地域の定義
都市地域	一体の都市として総合的に開発し，整備し，及び保全する必要がある地域〈**都市計画法**〉
農業地域	農用地として利用すべき土地があり，総合的に農業の振興を図る必要がある地域 （農業振興地域の整備に関する法律〈**農振法**〉）
森林地域	森林の土地として利用すべき土地があり，林業の振興又は森林の有する諸機能の維持増進を図る必要がある地域〈**森林法**〉
自然公園地域	優れた自然の風景地で，その保護及び利用の増進を図る必要がある地域〈**自然公園法**〉
自然保全地域	良好な自然環境を形成している地域で，その自然環境の保全を図る必要がある地域〈**自然環境保全法**〉
土地利用の調整等に関する事項	

図7・1　国土利用計画法

土木の歴史　国土計画　数理的計画論　交　通　治　水　利　水　都市計画　環境保全　防　災

土地利用計画

　土地利用計画は，都市計画の基本をなす計画であり，この計画をもとにして都市計画区域を定め，その区域について，商業地・工業地・住宅地などのそれぞれの機能を果たすのにふさわしい条件を備えた土地（都市）になるように，都市全体からみて決められる計画である（**図7・2**）.

都市計画区域

　都市計画区域を二つに分けて，すでに市街化されている区域，もしくは，将来の人口・産業の発展の動向などから，おおむね 10 年以内に市街地として発展させるために整備する区域を**市街化区域**という．その区域に対して，市街化をしないように規制する区域として，当面は市街化を抑制し，不良市街地が発生しないようにした区域を**市街化調整区域**という．市街化区域は，**図7・3**に示す地域地区に分ける.

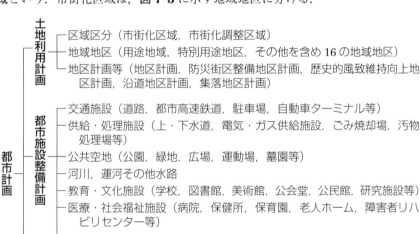

図7・2　都市計画

都市計画区域

市街化区域　市街化調整区域

地域地区 →

- （1）**用途地域**（第一種低層住居専用地域等 12 地域）〈都市計画法〉
- （2）**特別用途地区**（特別工業地区等 11 地区で用途地区に重なっている）〈都市計画法〉
  - **特定用途制限地域**（用途地域が定められていない区域において，制限すべき建築物等の用途を定める地域）〈都市計画法〉
  - **特例容積率適用地区**（用途地域の公共施設を備えた区域において，建築物の容積率の限度からみて未利用になっている建物の土地の高度利用を図る）〈都市計画法〉
  - **高層住居誘導地区**（用途地域において高層住宅の建築のため建築物の容積率や建ぺい率の最高限度および敷地面積の最低限度を定める地区）〈都市計画法〉
- （3）**高度地区または高度利用地区**〈都市計画法〉
  - ① 高度地区は，建築物の高さを制限する地区
  - ② 高度利用地区は，容積率，建ぺい率および建築面積を制限する地区
- （4）**特定街区**（街区の整備または造成の行われる地区で，建築物の容積率，高さの制限を定める街区）〈都市計画法〉
  - **都市再生特別地区，居住調整地域，居住環境向上用途誘導地区または，特定用途誘導地区**（都市再生緊急整備地域に指定されている地域のうち，建築物の誘導を必要とする地域）〈都市計画法〉〈都市再生特別措置法〉
- （5）**防火地域または準防火地域**（市街地における火災の危険率の高い地域を防火地域に指定，それに準ずる地域を準防火地域に指定する）〈都市計画法〉
  - **特定防災街区整備地区**（密集市街地の防災機能を確保し，土地の合理的利用を図る）〈都市計画法〉
- （6）**景観地区**（市街地の良好な景観の形成を図る地区）〈都市計画法〉〈景観法〉
- （7）**風致地区**（都市の内外に自然美を維持していくために，風致をそこなうことのないように規制をする地区）〈都市計画法〉
- （8）**駐車場整備地区**〈都市計画法〉〈駐車場法〉
- （9）**臨港地区**〈都市計画法〉
- （10）**歴史的風土特別保存地区**〈都市計画法〉〈古都における歴史的風土の保存に関する特別措置法〉
- （11）**第一種または第二種歴史的風土保存地区**〈都市計画法〉〈明日香村における歴史的風土の保存および生活環境の整備等に関する特別措置法〉
- （12）**緑地保全地域，特別緑地保全地区または緑化地域**〈都市計画法〉〈都市緑地法〉
  - ① 緑地保全地域は，都市計画区域内の緑地で，災害の防止や住民の生活環境を確保する地域
  - ② 特別緑地保全地区は，緑地を保全する地域の中でも，特に寺社，仏閣等伝統文化を有する風致景観を保存する地区
  - ③ 緑化地域は，用途地域内において，建築物の敷地内において緑化を推進する地域
- （13）**流通業務地区**〈都市計画法〉〈流通業務市街地の整備に関する法律〉
- （14）**生産緑地地区**〈都市計画法〉〈生産緑地法〉
- （15）**伝統的建造物群保存地区**〈都市計画法〉〈文化財保護法〉
- （16）**航空機騒音障害防止地区または航空機騒音障害防止特別地区**〈都市計画法〉〈特定空港周辺航空機騒音対策特別措置法〉

図 7・3 地域地区制度

土木の歴史　国土計画　数理的計画論　交　通　治　水　利　水　都市計画　環境保全　防　災

用途地域

土地利用計画に従って，その地域に設けられる建築物の用途を制限する制度を**用途地域制**という．住環境の保護等を図るため，用途地域が12種類に細分化されている（**表7・1**）．

この12種類の用途地域の指定だけでは土地利用の増進や環境保護などの期待ができにくい場合は，特別用途地

図7・4　大鐘楼よりサン・マルコ広場を見る
（ヴェネチア，河川と町並みの景観）

区を用途地域に重ねて指定する．具体的な建築物の規制内容は，地方公共団体の条例で定める．主に次の11地区が創設されている．

表7・1　用途地域の分類

	制　度	趣　旨
住居系	①第一種低層住居専用地域	低層住宅の専用地域
	②第二種低層住居専用地域（新設）	小規模な店舗の立地を認める低層住宅の専用地域
	③第一種中高層住居専用地域（新設）	中高層住宅の専用地域
	④第二種中高層住居専用地域	必要な利便施設の立地を認める中高層住宅の専用地域
	⑤第一種住居地域（新設）	大規模な店舗，事務所の立地を制限する住宅地のための地域
	⑥第二種住居地域	住宅地のための地域
	⑦準住居地域（新設）	自動車関連施設等と住宅が調和して立地する地域
	⑧田園住居地域	農業の利便の増進を図り，低層住宅に係る良好な住居の地域
商業系	⑨近隣商業地域	近隣の住宅地のための店舗，事務所等の利便の増進を図る地域
	⑩商業地域	店舗，事務所等の利便の増進を図る地域
工業系	⑪準工業地域	環境の悪化をもたらすことのない工業の利便の増進を図る地域
	⑫工業地域	工業の利便の増進を図る地域

特別用途地区

①　特別工業地区：主として住居区域において伝統産業や家内工業等の保護・育成を目指す．工業地域において，公害防止の観点から立地すべき業種・業態を制限する地区．

②　文教地区：学校，公民館，体育館，文化センター，社会教育施設等の立地を保護・育成する地区．

③　小売店舗地区：物品販売業を営む店舗・飲食店等の立地を保護・育成する

地区.

④ 事務所地区：主として官公庁関連施設とその周辺のビジネスセンターの集中立地を保護・育成する地区.

⑤ 厚生地区：保健所，医療施設，養護施設等の立地を保護・育成する地区.

⑥ 娯楽・レクリエーション地区：遊技施設等の集中立地を図る地区.

⑦ 観光地区：旅館，ホテル等の集中立地を図る地区.

⑧ 特別業務地区：卸売市場の店舗，トラックターミナル等の流通施設，ガソリンスタンド等のサービス施設の集中立地を保護・育成する地区.

⑨ 中高層階住居専用地区：都市部における中高層階での住宅の確保を目指す地区，立体用途規制.

⑩ 研究開発地区：研究開発施設を集める地区

⑪ 商業専用地区：都市部における商業，業務ビルの高度化を目指す地区.

容積地域 　建築物の用途規制と関連を保ちながら，建築物の形態・密度に基準を与え，都市機能と快適な環境が保持できるよう，あらかじめ建築物の建て方に制限を加える制度を**容積地域制**という．これには，容積率，建ぺい率，建築物の高さについての基準がある.

■ **高度利用地区**

① **容積率**は，建築延べ面積の建築敷地面積に対する割合をいう.

② **建ぺい率**は，建築面積の建築敷地面積に対する割合をいう.

③ **斜線制限**とは，日照条件および通風から建築物各部の高さと敷地境界からの距離を規制する.

④ **建築面積の制限**とは，建築物の建築面積の最低限度の規定である.

■ **高度地区**

土地利用の推進，環境維持から，建築物の高さ（最高限度・最低限度）を定める.

構造地域 　建築物の構造に防災上または美観上などから制限を加える制度を**構造地域制**という．この制度は，用途地域の指定に重ねて設けられ，次のようなものがある.

防火地域では，3 階以上または延べ面積 $100 \mathrm{~m}^2$ を超える場合には耐火構造とする．この他，防火活動を容易にするため**準防火地域**が設けられている.

斜線制限は,建築物の各部分の高さに関する制限の一つである.道路や隣接住宅の日当たりや風通しに,支障をきたさないように建築物の各部分の高さを規制したものである.建築物を真横から見たとき,空間を斜線で切り取ったような形に制限することから斜線制限と呼ばれている.この制限には,道路斜線制限,隣地斜線制限,北側斜線制限の3種類がある.

■ 道路斜線制限

道路斜線制限とは,道路の日当たりや通風に支障をきたさないように建築物の各部分の高さを規制したものである.敷地が接している前面道路の反対側の境界線から一定の勾配で示された斜線の内側が,建築物を建てられる高さの上限になるので,その斜線の中に建築物を収めなければならない.

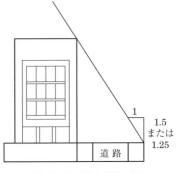

図7・5 道路斜線制限

■ 隣地斜線制度

隣地斜線制度とは,隣地境界線から一定の高さを基準とし,そこから一定の勾配で示された斜線の内側が建築物の建てられる高さの上限になる.用途地域の第一種・第二種低層住居専用地域では,絶対高さの制限があるので,隣地斜線制限の適用がない(受けない).

■ 北側斜線制限

北側斜線制限とは,建築物の北側隣地の日照の悪化を防ぐため,建築物の高さを規制するもので住居系の用途地域で適用されている.北側隣地との境界線から建築敷地の方向に,一定のルールに基づいた斜線を引き,その斜線の中に建築物を収めなければならない.ここでいう一定のルールとは,用途地域の第一種・第二種低層住居専用地域と第一種・第二種中高層住居専用地域のことである.ただし,中高層住居専用地域で日陰規制がある場合は適用されない.

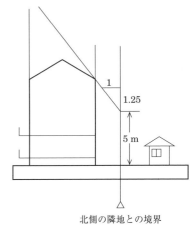

北側の隣地との境界

図7・6 北側斜線制限

2 効率的で夢のある街づくり

土地区画整理　土地区画整理事業では，土地の有効利用を図り，住環境の改善や地域の活性化を促進し，良好な生活環境の確保を目的とする．

　そのため，防災上危険な区域や，市街地のスプロール化が懸念される地域において，あらかじめ地区全体を総合的な見地に立って計画し，住宅地をはじめとして，道路，用水路，上下水道，電力・ガス，情報・通信などの基盤整備を行い，安全で快適な環境づくりを行おうとするものである．

　この事業の基本的な手法は「**減歩**」と「**換地**」の制度である．「減歩」とは，公共施設をつくるための必要な土地を生みださなければならないとき，関係する土地所有者が少しずつ土地を提供することをいう．

One Point　スプロール現象とは？

　市街地の住宅不足によって，小規模な住宅地開発が，郊外のあちこちで無計画に進められている．その安い土地を求めて，狭い住宅が市街地の周辺地域に無秩序に広がっていくことをいう．

One Point　換地とは？

　施行前の個々の土地が，区画整理によって別の所に移されることをいう．

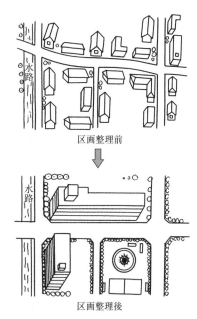

区画整理前

水路

区画整理後

図7・7　区画整理（その1）

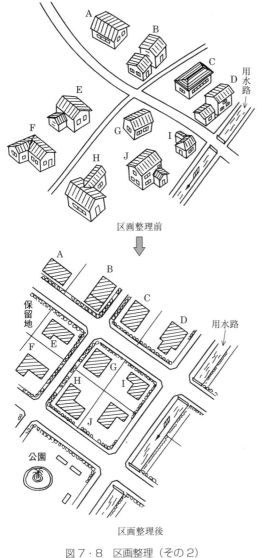

区画整理前

区画整理後

図7・8　区画整理（その2）

図7・9　区画整理のできるまで

市街地整備基本計画

都市整備計画
区画整備予定地区の選定

区画整理事業調査

地方公共団体
事業計画案作成
地元説明会
設計概要の認可

土地区画整理組合
事業計画案作成
地権者の同意
組合設立

換地計画案作成

換地設計，土地評価等

仮換地の指定

損失補償

工事施工，建物移転等

換地計画

換地計画の縦覧
利害関係者の意見処理
換地計画の認可等

換地処分

土地，建物等の登記

清　算

土木の歴史　国土計画　数理的計画論　交　通　治　水　利　水　都市計画　環境保全　防　災

3
土地の高度利用を図ろう

市街地再開発　　市街地再開発事業は，密集した家屋や商店が混在した既成の市街地（DID）を，働く場所と居住の調和した，住みよい街につくりかえていく事業である．

このために，公共施設の整備に関連する市街地の改造に関する法律と不燃防災建築物促進を目的とする法律が一つになり，新たに権利変換という方法を採用した「都市再開発法」が制定された．

この事業では，建築物の高層化によって空地を確保し，市街地の防災面と公共施設面から一体的総合的に整備することによって，安全性，快適性，利便性の増進を図るものである．

都市再開発法に基づく事業には2種類がある．

第1種市街地再開発事業（権利変換方式）

この事業は権利変換という手法により行う事業である．この権利変換というのは，これまでの土地および建築物についての所有権，借地権，借家権などの権利を，その土地とその上に建つ新たな建築物の一部の権利に置き換えることである．

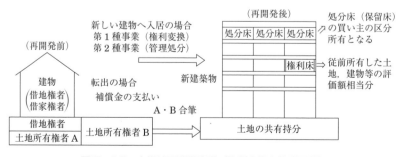

図7・10　市街地再開発事業（権利変換と管理区分）

■ 第2種市街地再開発事業（用地買収方式）

　この事業は，用地買収方式といわれ該当区域の面積が1 ha以上のものであり，老朽木造建築物が密集しているため災害の発生のおそれのある場合の大規模再開発事業となる．

　大規模な火災などが発生した場合における公衆の避難の用に供する公園や広場，その他重要な公共施設を早急に整備する必要がある場合で，用地買収による方法がとられる．

　この場合，公共施設の整備と合わせて区域内の建築物および建築敷地の整備を一体的に行う．

> ### One Point　人口集中地区
>
> DID（Densely Inhabited District）
> 　人口集中地区は，広義の市街地である．
> 　市町村の内部で，人口密度が1 km² 当たり4 000人以上の国勢調査区の集合地域で，かつ合計人口が5 000人以上の地域（範囲）を人口集中地区としている．

図7・11　浜松町から浜離宮庭園を望む（東京都）

図7・12　新宿副都心（東京都）

4

公園は
ふれあい拠点

　公園・緑地は，道路，広場と一体となって都市の枠組みを形成し，自然とのふれあいを通じて心身ともにリフリッシュし，スポーツ・文化活動の場として良好な都市環境を醸成するきわめて重要な機能を果たしている．

都市公園の種類とその配置

　都市公園は，都市公園法に基づく公園または緑地であり，国または地方公共団体によって設置し，管理されている．

　都市公園は，機能，目的，利用者の対象，誘致圏域などによって次のように，基幹公園（住区および都市），大規模公園，国営公園，緩衝緑地等（特殊公園，都市緑地，緑道）に分類される．

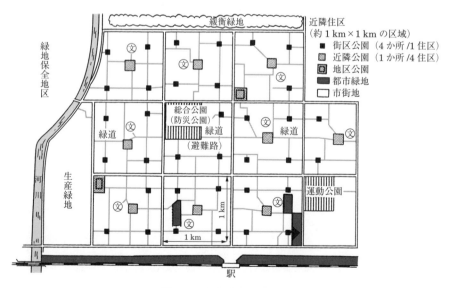

図 7・13　都市単位の配置

表 7・2 都市公園の種類[1]

種類	種別	内　　容
住区基幹公園	街区公園	もっぱら街区に居住する者の利用に供することを目的とする公園で誘致距離 250 m の範囲内で 1 箇所当たり面積 0.25 ha を標準として配置する.
住区基幹公園	近隣公園	主として近隣に居住する者の利用に供することを目的とする公園で近隣住区当たり 1 箇所を誘致距離 500 m の範囲内で 1 箇所当たり面積 2 ha を標準として配置する.
住区基幹公園	地区公園	主として徒歩圏内に居住する者の利用に供することを目的とする公園で誘致距離 1 km の範囲内で 1 箇所当たり面積 4 ha を標準として配置する.
都市基幹公園	総合公園	都市住民全般の休息, 観賞, 散歩, 遊戯, 運動等総合的な利用に供することを目的とする公園で都市規模に応じ 1 箇所当たり面積 10〜50 ha を標準として配置する.
都市基幹公園	運動公園	都市住民全般の主として運動の用に供することを目的とする公園で都市規模に応じ 1 箇所当たり面積 15〜75 ha を標準として配置する. 都市計画区域外の一定の町村における特定地区公園 (カントリーパーク) は, 面積 4 ha 以上を標準とする.
大規模公園	広域公園	主として一の市町村の区域を超える広域のレクリエーション需要を充足することを目的とする公園で, 地方生活圏等広域的なブロック単位ごとに 1 箇所当たり面積 50 ha 以上を標準として配置する.
大規模公園	レクリエーション都市	大都市その他の都市圏域から発生する多様かつ選択性に富んだ広域レクリエーション需要を充足することを目的とし, 総合的な都市計画に基づき, 自然環境の良好な地域を主体に, 大規模な公園を核として各種のレクリエーション施設が配置される一団の地域であり, 大都市圏その他の都市圏域から容易に到達可能な場所に, 全体規模 1 000 ha を標準として配置する.
国営公園		主として一つの都府県の区域を超えるような広域的な利用に供することを目的として国が設置する大規模な公園にあっては, 1 箇所当たり面積おおむね 300 ha 以上を標準として配置, 国家的な記念事業等として設置するものにあっては, その設置目的にふさわしい内容を有するように整備する.
緩衝緑地等	特殊公園	風致公園, 動植物公園, 歴史公園, 墓園等特殊な公園でその目的に則し配置する.
緩衝緑地等	緩衝緑地	大気汚染, 騒音, 振動, 悪臭等の公害防止, 緩和若しくはコンビナート地帯等の災害の防止を図ることを目的とする緑地で, 公害, 災害発生源地域と住居地域, 商業地域等とを分離遮断することが必要な位置について公害, 災害の状況に応じ配置する.
緩衝緑地等	都市緑地	主として都市の自然環境の保全並びに改善, 都市の景観の向上を図るために設けられている緑地であり, 1 箇所当たり面積 0.1 ha 以上を標準として配置する. 但し, 既成市街等において良好な樹林地等がある場合あるいは植樹により都市に緑を増加又は回復させ都市環境の改善を図るために緑地を設ける場合にあってはその規模を 0.05 ha 以上とする (都市計画決定を行わずに借地により整備し都市公園として配置するものを含む).
緩衝緑地等	緑道	災害時における避難路の確保, 都市生活の安全性及び快適性の確保等を図ることを目的として近隣住区又は近隣住区相互を連絡するように設けられる植樹帯及び歩行者路又は自転車路を主体とする緑地で幅員 10〜20 m を標準として, 公園, 学校, ショッピングセンター, 駅前広場等を相互に結ぶよう配置する.

注) 近隣住区＝幹線街路等に囲まれたおおむね 1 km 四方(面積 100 ha)の居住単位

5
人間と川の
ふれあい

河川のエコロジー　昔から人々は，山や川など自然に対して畏敬の念を抱き，その時々の開発についても，自然と共生できる最小限度にとどめる工夫がなされてきた.

　ところが，わが国の戦後の経済発展の道程は，戦災から復興へと，つづいて高度成長経済へと機能性と効率性を求めて移行してきた. この時代の社会基盤の整備は，構造物の安全性，強度を第一義に考え，環境や景観などの潤いや安らぎを考えるまでには至らず，その代償として，水質汚濁などを招くようになった.

　暮らしと密接に結びついていた河川の水質を考えるうえで，生物の豊かさは必須の条件であったが，治水面で効果を発揮するコンクリート護岸を採用するようになってからは，どの河川からも自然が奪われ，生物の豊かさが消え，人々を河川から遠ざけてしまった.

　人々を川辺にいざなうリバーフロントにするには，河川の災害防止の視点にとどまらず，自然環境と美しい景観の保全・創出，同時に河川の生物の生息環境を維持できるような生態系への配慮が求められている.

図7・14　隅田川リバーフロント（東京都）

**多自然型
川づくりの展開**　近年，急速な都市化が進むなかで，残された自然とのふれあいを見直そうという気運が高まっている.

　人々の環境に対する関心の高まりは，日常生活やライフスタイルまで変えつつある.

　こうした中で，豊かな水辺とのふれあいがいかに人々の心を和ませ，潤いとなっ

ているか，その役割が評価されるようになってきた．

　国では，昔のように人と川のふれあいを取り戻し，アメニティを享受できる河川にしようと，流れの速さを和らげる，伝統的な河川工法に着目した研究が進められている．

　人と自然にやさしい川づくりの一例として，護岸に蛇籠といわれる金網にグリ石を詰めたもので，法面（のり）に積み上げ，法面の崩壊を防ぐことを可能にしている．この方法では，土砂が網目に堆積し，植物が根付く工法が採られており，併せて，根固め工として，自然石が捨て石に使われ，水流による法先洗掘を防ぐことができるように考えられている．

　こうした多自然型川づくり（自然環境再生工事）は，美しい河川景観を創造することもねらいであるが，一般にコスト高となるので，その地域にある自然の素材をできるだけ活用するように心掛けることも必要となる．

図 7・15　新町川（徳島市）

図 7・16　九反田堀川（高知市）

図 7・17　清流とのふれあい（高知県・四万十川）

6

美しい景観形成への視点

美しく快適な道路　もう一度行ってみたいと思う場所は，沿道と地域の調和がすばらしく，道路を取り巻く周辺の地域が優れた特色をもち，また，道路自身もすっきりして美しい．

図 7・18　フィレンツェ（イタリア）

図 7・19　チューリヒ（スイス）

道路景観デザイン　道路景観のデザインの基本的な考え方に立ち，全体としてバランスのとれた景観をつくる．その理念をグランドセオリーという．

① 道路における地域性をふまえつつ，周囲の歴史景観，自然景観や街並などの調和を図る．

② 美しい道路景観を構成するためには，道路景観構成要素となる舗装，照明灯，ストリートファニチャー，その他道路付属物などの要素間の調整を行い，一貫性をもたせるようにする．

③ 道路空間には，人や車がうまく収まり，沿道の地域や土地利用と整合し，使いやすい流れをつくる景観整備が望まれる．

④ 歴史的な重みを感じる道路とは，デザインや構築材料のみならず，人々の

ニーズに支えられ，地域の文化遺産として愛護される道路のことである．

> **街並景観整備の手法**

　沿道の街並（建造物群）の形態に規制や協定を設け，その主旨に従って街並を規制・誘導し，美しい街並を維持しようとするものである．

① **地区単位で建物の形態をそろえる**──敷地の広さ，建物の高さ，屋根の形状，建物全体の壁面などをそろえる．

② **沿道の建物の調和を図る**──建物の用途，外壁の材料や色彩，塀や垣の形などをそろえる．

③ **街角をすっきりとデザインする**──看板，広告物などの規制，電線の地下への埋設，ポケットパークの設置など．

図 7・20　皇居前

> **街並景観づくりのための制度**

　地区計画制度（都市計画法），建築協定（建築基準法），街づくり協定（民法に基づく紳士協定），景観形成地区などの指定および行政指導（条例など）がある．

原則として地元関係者の合意を得て，建物の形態に制限を設けることができる．

図 7・21　札幌大通公園

図 7・22　函館運輸倉庫

図 7・23　石油コンビナート（坂出市）

図 7・24　南禅寺（京都市）
歴史的風土特別保存地区

7章のまとめの問題

【問題1】 あなたが住んでいる街（市町村）について，どのような社会基盤施設があるかを調べ，さらに，どのようなものがあればよいか考えてみよう．豊かな街づくりを推進していくために，あなたの街ではどのような点を改善したらよいか，その方策を検討してみよう．

> 解説　平素から，どこにどのような施設があるか（交通，生活環境，厚生，教育など），正確な場所を調べておくと生活に便利である．街づくりの拠点である日常生活圏に目を向け，ほかにどのような施設があればいっそう便利になるかを研究してみよう．

【問題2】 土地利用計画を規制によって実現する手段として地域地区制度がある．この制度は，各種土地利用の主旨に沿った規模や配置を指定し，その地域地区の利用目的に従って建築行為がなされるよう規制したものである．どのような地域地区があるかあげよ．

> 解説　本章 7-1 節の土地利用計画を参照，地域の住生活や産業が良好な環境のもとで活動し，過ごすことのできるように規制を設けたものである．

【問題3】 多自然型川づくりについて考えてみよう．

高度経済成長期に整備された頑丈なコンクリート護岸とシビックデザインを考慮した多自然護岸を対比して，それぞれの長所，短所をあげよ．

> 解説　本章 7-5 節の人間と川のふれあいを参照，一度，破壊された景観や汚染された環境を修復・復元するには，長い年月を要することを心に留めておくことが必要になる．

【問題4】 歴史的風土特別保存地区に関連する法令には，歴史的風土（特別）保存地区〈都市計画法〉〈古都における歴史的風土の保存に関する特別措置法〉などがある．

美しい緑の景観形成の視点から，地区創設の意義を考えよう．

> 解説　本章 7-6 節の美しい快適な道路の基本となるものを挙げる．
> (1) 歴史ある建物やその周辺の保存．
> (2) 清流が流れる水路や茅葺などが保存されている自然環境．
> (3) 伝建制度の特色とも重なるが，集落や町並みを群として捉え，環境に広がりを見せることができる．
> (4) 地域性をふまえ，歴史景観・自然景観と町並みの調和を図ることができる．＊図 7・24　南禅寺門前・京都市（歴史的風土特別保存地区）．

8 章

環境保全

　かけがえのない地球は，「人類共通の資産」である．
　この世界では，人間と自然，人間どうしが共生の関係をつくって暮らしている．
　人々が永続して幸せな暮らしができるよう，さまざまな環境問題に関心をもち，生活を見直す中で，環境や景観の保全に配慮しつつ水環境などの整備を進め，万全の措置を講ずることが求められている．
　本章では，資源エネルギーの有効な利用，人間と環境の共生，環境保全型社会への変革などについて学ぶことにする．

隅田川リバーフロント（東京都）

1

「ゆとりと豊かさ」を生みだすエネルギー

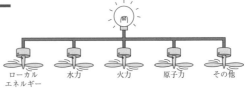

ローカル　　　水力　　　火力　　　原子力　　　その他
エネルギー

わが国のエネルギー需給とその構造

わが国では，どれだけのエネルギーが供給され，どのようにして消費されているだろうか．

石油，石炭，天然ガスなどのエネルギー資源の約 80% が輸入に頼っている．そのうち，石油に頼る部分が約 60% を占めている．

省エネルギー

わが国におけるエネルギー需給の推移をみれば，エネルギー需要は高度経済成長を支えた**重厚長大型産業**の時代（昭和 30 年代から 40 年代にかけて）に最大の伸び率を示した．その後，第 1 次石油危機（1973〈昭和 48〉年），第 2 次石油危機（1979〈昭和 54〉年）の 2 度にわたる危機を経て**省資源型産業**に切り換えることができた．エネルギー消費量は，1985〈昭和 60〉年頃を境として，原油価格の下落により再び増加の傾向を示している．しかし，1990〈平成 2〉年の中東危機によって原油価格が上昇傾向に転じた．中東・湾岸問題が終結したとはいえ，エネルギー危機が憂慮され，自国で産出できるメタンハイドレートなどの実用化が期待されている．

図 8・1　都市ガス（大阪市）

省エネルギーを進めていくことが，待ったなしの政策となるが，必要なエネルギーが安定確保（供給）できるように，資源を有効に活用していくことである．同時に，環境にやさしいエネルギーの利用方法の研究が求められるところである．

資源と人口

私たちの豊かな暮らしは，各種の資源とエネルギーによって支えられている．資源のもつ特性や需要と供給をめぐって，資源保有国と対外依存度の高い国では，その利害関係が必ずしも一致せず，国連においても，国際問題，環境問題の取組みについて各国の合意を得る

ことが困難な状況にある．原子力発電の縮小・廃止の傾向に伴い，埋蔵資源の乏しいわが国では，自国で生成可能なエネルギーの確保が喫緊の課題となっている．

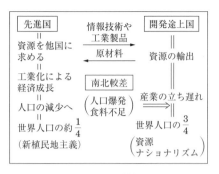

図8・2　資源

食糧

開発途上国では，おおむね，自然条件に恵まれず，農業に適した国が少ない．そのため，食糧生産の大幅な増加は難しく，慢性的な食糧不足の国が多い．

アフリカにおける食糧不足は，降雨依存型農業に頼った農業生産技術の遅れにある．しかし，それだけではなく，近年の異常気象に起因する不作は，熱帯林の伐採による森林の喪失によるところが大きい．熱帯雨林を失った土地での無理な栽培は，土地を荒廃させ，砂漠化へと追いやっている．

世界の主たる国は穀物を自給できるが，日本では穀物自給率が28%前後と低く，干ばつや冷害などの異常気象が発生した場合，食糧輸入が止まれば，飢餓問題にもなりかねない．食糧の自給率を高める努力を忘れてはならない．

わが国の農業

わが国は，環太平洋経済連携協定（TPP）への参加により，特に農業では海外の大規模農業に市場が席巻されるのではないかと懸念されている．

近年のわが国の米の作付面積とその収穫量は，豊作不作の年はあるが，年ごとに減少しつつある．

主食である稲作において，コメ余り現象を起こし，転作にも限界があり，未耕地の土地は荒廃し原野化していく傾向にある．わが国の食糧自給率を高めるには，耕地を守ることが重要であり，そのことが自然環境の保護にもつながっている．

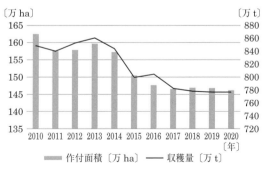

図8・3　米の作付面積と収穫量の推移

2

「脱原子力・脱化石燃料」社会への挑戦

> **エネルギーの種類とその変換**

エネルギーという言葉は，場合によってさまざまに使われている．一般に「仕事を成しうる能力」という物理的な意味のほかにも，広く社会活動や生産活動に使用される機械・器具の燃料や動力源になっているものの総称として使われている．

例えば，家庭生活を営むために必要な照明，暖房，自動車の利用などは，電気，ガス，灯油，ガソリンなどのエネルギーを必要とする．

石油，石炭，天然ガス，水力，原子力など，そのままで供給されるものを一次エネルギーといい，電力やガスなどのように一次エネルギーを加工・変換して得られるものを二次エネルギーという．

エネルギーは，互いにその姿を変えることによって利用しやすい形態となり，私たちに役立っている．

自動車を例にとれば，石油やガスなどの燃料（化学エネルギー）を燃やして，発生する熱エネルギー（内部エネルギー）を利用して，エンジンを動かすことになる．このことは，化学的エネルギーから熱エネルギー，運動のエネルギーへと順次変換されていくことを示している．

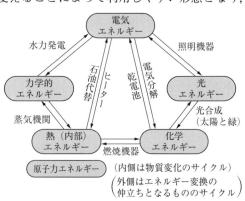

図8・4　エネルギーの種類とその変換

> **One Point**　ローカルエネルギー（local energy）
> エネルギー密度が低いため，開発利用面で立ち遅れた自然エネルギーをいう．

図8・5 火力発電所

| 現代を支える
エネルギー |

石油：石油は，火力発電，自動車の内燃機関，ボイラーなどの燃料として，また，プラスチックをはじめとした石油化学素材として，さまざまな用途に用いられてきたが，脱化石燃料の流れにおいて取り扱われなくなりつつある．

石炭：石炭は，石油に比べてカロリー当たりの原価も安く，豊富な埋蔵量がある．鉄鋼，電力，セメント，パルプなどの産業では，石油燃料から石炭へと転換が進んでいる．また，アンモニア，ベンゾールなどの化学製品の素材となっているが，脱地球温暖化のため，低炭素社会に向けて対処していく必要がある．

液化天然ガス（LNG）：天然ガスからメタンを分離し低温・冷却により液化したものがLNGである．LNGは，液化時に体積が約 1/600 に縮小するので輸送に便利である．火力発電，内燃機関の燃料として，また，都市ガスの原料となっている．

原子力：燃料であるウランが核分裂するときに発生するエネルギーを利用し，原子炉で熱を発生させ蒸気をつくり，タービンを回し，その動力で発電する．そのほとんどが発電用であるが，利用後の処理を考える必要がある．

水力：水力発電には，一般水力発電と揚水式発電がある．高い位置にある河川やダムの水を低い位置にある発電所に落下させ，水車を回し，その動力によって発電機を回し，電気を発生させる．

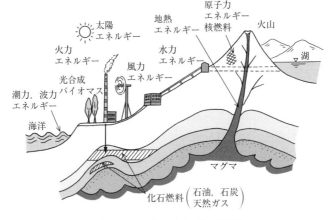

図8・6 各種エネルギーの利用

203

バイオマス：バイオマスは，生物資源の量を表す概念で，一般には「再生可能な生物由来の資源」をいう．化石資源由来のエネルギーや製品をバイオマスで代替することにより，地球温暖化を引き起こす CO_2 の排出削減に貢献することができる．

石油代替エネルギー

石油に代わるクリーンエネルギーとして，次の再生エネルギーが挙げられる．

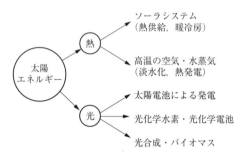

図8・7 石油代替エネルギー

■ 太陽電池（太陽光利用）

太陽電池は，太陽の光が当たると電流が流れるシリコン系半導体などを使って，太陽エネルギーを電気エネルギー変換する装置である．電卓や人工衛星などの電源となっている．

■ 水力発電

水力発電では地形によって発電方式が変化する．ダム式，水路式，ダム水路式の3方式があり，また電力の負荷に対応できるようにした揚水式発電がある．いずれも水の流れで水車を回し発電する（**図8・8**）．

■ 地熱エネルギー

地熱エネルギーとして利用できるところは，マグマ溜りである．地下数千mの所までにある高温の熱水と蒸気が利用される．

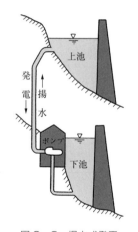

図8・8 揚水式発電

■ 海洋エネルギー

温度差発電は，海洋における海水の深度によって変化する温度差を利用したものである．潮汐発電は，潮汐の干満の差の大きい河口に設けたダムにより，海水の流れを利用したもので，波力発電は，波の運動による波圧を利用したものである．

■ 風力エネルギー

　風力を風車に伝え，その回転を動力源としたものである．

　このような自然力の利用方法についての研究開発が進められているが，エネルギー安定供給の確保までに至っていない．

図8・9　風力発電　オークランド郊外（カリフォルニア州）

■ バイオマスエネルギー

　バイオマス（生物体）を利用したエネルギーは，動植物から生まれた再利用可能な資源である．アルコールの発酵や生物体廃棄物からのメタン生産，また植物からのバイオエタノールなどを再生エネルギーとする．

原子力発電

　原子力は，準国産エネルギーとして，経済的に大量供給できる優れた特性を有しており，石油代替エネルギーの中核としての役割を果たしていくことが期待されていたが，一度，事故を起こすと甚大なる被害を及ぼすことが懸念されている．

　原子力発電の問題点として，核燃料供給・再利用をめぐる問題，さらには原子炉の安全性や使用済み核燃料処理の問題などがある．

　わが国の原子力発電は，ソ連チェルノブイリ原子力発電所や福島第一原子力発電所の事故により厳しい安全管理が問われており，安全性についての強い関心が高まるなか，原子力発電のしくみに留意する必要がある．また，原発の廃絶が世論の流れになっているが，国民のコンセンサスが得られる論談ができるまでは困難である．

　原子力発電の代替エネルギーとして，自然の資源から取り出す再生可能エネルギーとして，太陽光，風力，水力などによる出力が注目されるようになってきた．

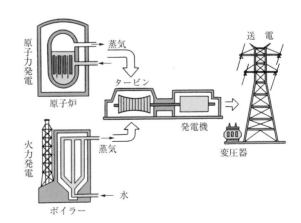

図8・10　原子力発電と火力発電のしくみ

3
資源消費社会への警鐘

図 8・11　夜の街にも
不思議な現象が起こる

『沈黙の春』は明日のための寓話？

　この物語は，アメリカの豊かな農業地帯のある小さな町ではじまる．

　そこには，野の花が咲き乱れ，小鳥がさえずり，にじますがいる川が流れていた．「ところがあるとき，ふしぎな災害がこの町にしのびよった．そして，あらゆるものが変化しはじめた．なにか悪い魔法がかけられたのだ．原因不明の病気にかかって若鳥が全滅し，牛や羊が病気になり，死んだ．いたるところ死のかげがあった．……妙に静かであった．たとえば，小鳥は，どこへ行ってしまったのだ？……いつもだったら，こまどり，つぐみ，鳩，かけす，みそさざい，その他何十種類の小鳥の夜明けの合唱で生き生きしていた朝なのに，今や何の物音もせず，ただ沈黙だけが，野原，森，沼地を覆っていた．」[1]このとおりの町は，実際には存在しない．

巨大プロジェクト，アスワンハイダムの失敗

　1964（昭和39）年，ナイル川にアスワン・ハイ・ダム建設，ナセル湖が誕生した（$H = 111$ m, $L = 4000$ m）．大きさは大ピラミッドの17倍，砂漠の緑化が目的であった．ところが，思いもよらない環境の変化が起こった．①ウォーターヒヤシンスが水路を埋めつくし，農地には塩分がたまる．②肥沃な土壌が流れ込んで，ダムは土砂に埋まる．③ナイル川の水理特性が変わり，均衡がくずれはじめた．

　こうした生態学的，水理学的問題にどう対処するのか，事態は深刻になっている．

巨大プロジェクトの問題点 長江の三峡ダム

アスワンの場合も，事前にあらゆる検討が行われたはずである．中国の巨大ダムも，中国の国内プロジェクトではあるが，生態系への影響はきわめて大きい．そのうえ，どのような問題が起こるかは，いま誰にも予測できない．

長良川河口堰

長良川河口堰本体工事は，1988（昭和 63）年 3 月着工以来，順調に進捗してきた．この河川の周辺は，ゼロメートル地帯であり，排水処理対策の実施が強く望まれていた．また，水資源の安定的供給と地盤沈下防止対策としての代替水源の確保のため，河口堰の早期竣工が地域自治体の悲願となっていた．

1994（平成 6）年，長良川の自然の生態系を崩すことになるのではないかという疑問が示されながらも，賛否両論のなかで工事が竣工した．環境の保全のもとで，長良川がもつ自然との共生が強く求められた事例である．

諫早湾 干拓事業

1997（平成 9）年 4 月，漁業関係者の反対する中で諫早湾潮受け堤防の水門が閉ざされた．この事業の目的は，大規模農地を造成し農業の生産性を高め，背後の低地の防災機能を強化することであった．しかし，有明海異変につながり，のりをはじめとする海産物の漁獲高減少により水産業が打撃を受けるようになった．現在，水門の開閉が争点となっている．この事業が示唆するように，自然と対話をしながら豊かな環境創造をめざすのが，土木技術者の使命だ．次の例もその一つである．

廃棄物処理と 環境地盤工学

いま，廃棄物処理の必要性は，大変重要な課題である．**図 8·12** のように，環境に及ぼす影響範囲も広い．ここでも，土木は総合工学の働きが求められている．

人類の歴史とともにある土木技術は，それなりの知恵を生み出すに違いない．土木の活躍する場は，無限に広い．

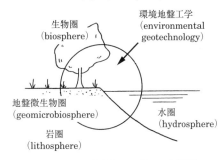

図 8・12　廃棄物の環境への影響[2]

4
地球環境問題

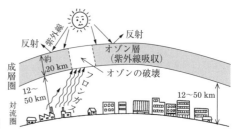

オゾン層の破壊

わが国は，社会経済活動の目覚ましい進展によって全国的に都市化が進み，生活様式が変わってきた．なかでも，石炭や石油などの化石燃料を中心とするエネルギーの利用は，生活に利便性を与えているが，地球環境にも大きな負荷を与えているので，利用を抑えるようにしたい．

こうした背景のもとで，環境問題への関心が高まりをみせ，人々が自らの生活態度やライフスタイルを見直したり，国の政策や企業の事業活動のあり方を変えていこうと，環境に配慮する具体的な動きが進められてきた．

オゾン層の破壊　成層圏のオゾン層は，地球に降り注ぐ太陽光線の有害な紫外線を吸収して，生物の住める地球にしている．このオゾン層が破壊されると，地表に到達する有害紫外線が増大し，皮膚がんや白内障などの健康被害を発生させるだけでなく，植物や水棲生物への生態系にも悪影響が大きくなるといわれている．

オゾン層の破壊の原因となっているフロンガスとは，炭素に塩素とフッ素が結合した炭化水素で，きわめて安定した物質である．

地球温暖化　大気中の二酸化炭素（CO_2）は，太陽からの直射エネルギーを通すが，地球から宇宙へ放出される赤外線を吸収し，熱を逃がさない働きをするので，地上の温度が上昇する．このことを**温室効果**といい，この現象を招く気体には二酸化炭素のほか，フロン，メタン，亜酸化窒素など10数種類があげられる．

図8・13　京葉工業地帯

　地球の温暖化が進めば，海水の膨張，南北両極の氷や氷河が融け，海水面が上昇する．米国環境保護庁（EPA）が行った海面上昇予測によると，21世紀の半ばには，地球の温度が2〜4℃上昇するとして，海面の水位も0.2〜1.2mの上昇が見込まれる．

　日本においてもEUと同様，2050年に温暖化の排出ガスを実質ゼロにすることを約束している．しかも，徹底した省エネや化石燃料を使わない電力の使用により，エネルギー転換部門による二酸化炭素排出量を30年かけて大幅に減らす計画を発表したが，実現は困難ではなかろうか．

酸性雨

酸性雨による被害が地球規模で広がっている．酸性雨は，主として化石燃料の燃焼によって生じる硫黄酸化物（SO_x）や窒素酸化物（NO_x）が，大気中で化学変化を受けて硫酸や硝酸に変わり，雨や雪に溶けて降ったものである．

　酸性雨によって土壌が酸性化することにより樹木が枯れ，森林が衰退している．また，酸性雨が湖沼や河川に流れ込み，そこに住む魚類の減少などを引き起こし，水中の生態系にも影響を与えている．また，酸性雨は，都市の建造物や歴史的な文化財などの貴重な構造物の腐食も早めている．

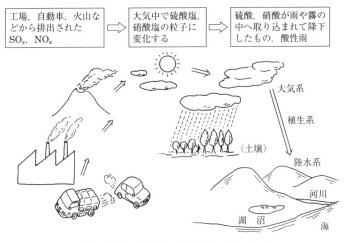

図8・14　酸性雨による生態系への影響

| 京都議定書 | 京都議定書は，1997（平成 9）年 12 月に第 3 回気候変動枠組条約締約国会議（地球温暖化防止京都会議COP3）で採択された．この COP とは，「Comference Of the Parties」を略したもので，締約国会議と訳されている．この議定書により，21 世紀以降の地球温暖化問題に対し，人類がこれから長期にわたり，どのようにして取り組んでいけばよいかという道筋がはじめて定められたのである． |

| パリ協定 | 地球温暖化対策の国際的枠組「パリ協定」の運用ルールを話し合う，国連気候変動枠組条約第 23 回締約国会議（COP23）が 2017 年に行われた．パリ協定のポイントとなる点は，脱炭素化を目指す，明確な長期目標である．しかし，新たな戦略となる温暖化対策は，まだ定まっていない．わが国の現状を考えると，火力，原子力，再生エネルギーなどの最適な電源構成（ベストミックス）をどうするか議論を詰めなければならない． |

パリ協定のルールづくりによって，温暖化対策がわかりやすく行えることが課題となっている．

One Point pH（水素イオン濃度）

酸性度，アルカリ性度を示す尺度として pH（水素イオン濃度）が用いられる．pH 7 が中性，pH 1〜7 が酸性，pH 7〜14 がアルカリ性（塩基性）であり，酸性の場合その値が小さいほど酸度が強い．アルカリ性の場合その値が大きいほどアリカリ度が強く，鉄筋など部材がさびにくい．

自然の雨は，pH が 5.6〜7.0 とやや酸性である．酸性雨は，通常 pH が 5.6 以下の雨をいう．

| 緑の効用 | 緑豊かな森林は，水を蓄え，きれいな空気をつくり，木材やキノコ，山菜などを育み，四季折々の美しい自然をつくりだしている． |

古代メソポタミア文明の発祥の地であるチグリス・ユーフラテス川流域や古代エジプトのナイル川流域では，豊かな緑とともに文明が発達した．しかし，人口が急速に増えていく中で，人々は森林の乱伐を繰り返し，その結果，大地は乾燥し，荒廃していった．どちらの文明も緑の資源の枯渇によって衰退した．

緑の代表である森林のはたらきには，木材を生産することだけでなく，まず第一に二酸化炭素を吸収し太陽エネルギーによって有機物を合成し，酸素を出す光合成があげられる．第二に水資源をかん養する機能をもち，土壌を保護し，洪水や山崩れなどの災害を防ぐことによって国土の保全にも役立っている．第三に草木の葉などの水分が水蒸気として発散されるときに，周囲の熱を奪い，地表の温度上昇を防ぐことができる．都市区域のヒートアイランド現象を防ぐためには緑の効用は大きい．第四に多種多様な動植物の住みかとして，遺伝子資源の宝庫となっており，これらの生物は互いに共生し合って安定した生態系を形成している．

図8・15　広葉樹林

図8・16　針葉樹林

森林は，人類生存に不可欠な環境である．南米アマゾン川流域や東南アジアの熱帯林では，20世紀後半から毎年1500万haほどの森林が減少しているといわれている．わが国の大量の木材の輸入も途上国の森林破壊に拍車をかけてきたことになる．わが国は，地球サミットに際し，環境分野での政府開発援助（ODA）の拠出を途上国に約束した．植林事業など森林再生への協力活動を進め，併せてリサイクルや木材代替物の利用などにより，輸入を減らす努力が必要である．

 砂漠の緑化

砂漠化は，放牧地の家畜類の過剰飼育，降雨依存農地の風による土壌侵食，生態系の回復能力を超えた植生などによる破壊があげられる．緑化の研究では，貴重な水で植物をいかに節水して育てるかがポイントになる．海などから水を引き込んで人造湖をつくり，この水によって砂漠を豊かな緑に変えていく．もう一つは，吸水性の高いポリマー製品を地中に広く埋設し，雨水の浸透を抑えることにより緑化を図っていく方法があげられる．

土木の歴史　国土計画　数理的計画論　交通　治水　利水　都市計画　環境保全　防災

5

持続可能な
開発のために

　近年，地球環境問題に対する世界的な関心の高まりは目覚ましく，国連人間環境会議が 1972（昭和 47）年にストックホルムで開催されてから 20 年後，国連環境開発会議が 1992（平成 4）年にリオ・デ・ジャネイロで開催された．

　国連環境開発会議（地球サミット）では，この 20 年の間に環境問題の中味が大きく変化したことから，「環境と開発」に関する討議を深め，21 世紀へ向けての新たなルールづくりを目指すものであった．

　これまでの国際会議において問題となっている先進国と開発途上国の利害調整，地球上に生きる他の生き物との共存，紛争と環境など，地球規模で環境問題に対処していく際の基本的な事項が採択された．

　まず，地球環境問題に関する環境の現状について認識を深めた．

　地球の温暖化が注目されるようになったのは，1988（昭和 63）年の米国議会における NASA 報告以来のことである．

　持続可能な開発のためには，地球規模の環境と開発の調和が必要であるという理念が地球サミットにおけるコンセンサスであるが，南北問題の壁にみられるように，お互いの利害をクリアーすることのできるグローバルな環境技術の進展が急がれること，この会議で決めた「アジェンダ 21」の行動計画を具体化し，南北の国々が共存できるような途上国援助が強く求められ，NGO の活動が注目される．

　地球環境問題には，私もあなたも，被害者であると同時に加害者になりうる点

One Point NGO（nongovernmental organization）

　市民レベルの海外協力団体を意味する非政府機関をいう．

　各国に多くの団体があり，人口，環境，人権，貧困，開発，軍縮などのさまざまな問題について活動が展開されている．

があることを，知っておくことが大切である.

> **One Point** アジェンダ21
>
> 「アジェンダ 21」は，地球規模の環境と開発の統合への取組みによって「持続可能な開発」をめざすための具体的な行動計画である.
>
> 地球サミットの争点となり，発展途上国の人口問題，食糧問題や，貧困撲滅策，大気保全，公害防止，森林保護，生態系の保全等，環境保全に関する技術移転など，具体的にどのように対処するかが盛り込まれている.
>
> この計画では，環境保全を中心に据えているが，経済発展を重視した開発途上の国々の思惑もあり，利害の相反する面が浮き彫りにされた.

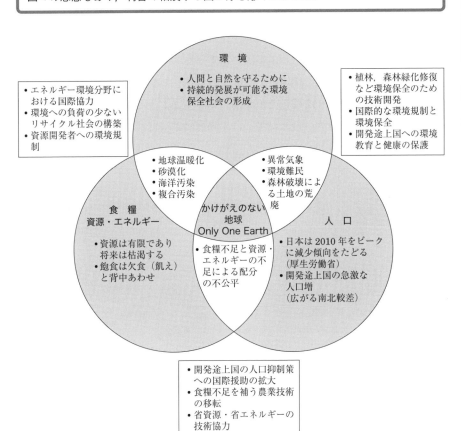

図 8・17　環境・人口・食糧のトリレンマ

6 自然の生態系を守ろう

　自然界を生きている生物のありさまは，生物と環境，生物と生物とが互いに作用し合い，バランスを保ちながら生きている．この結びつきを取り巻く全体を生態系という．

　土，水，空気および森林は物質循環の基礎になっている．食物連鎖をとおして生物の生態系を説明すると図 **8・18** のようなものができる．

① 太陽のエネルギーを受けた植物が，光合成によって有機物を生産する．

② 生産された有機物（炭水化物）は，動物によって消費される．

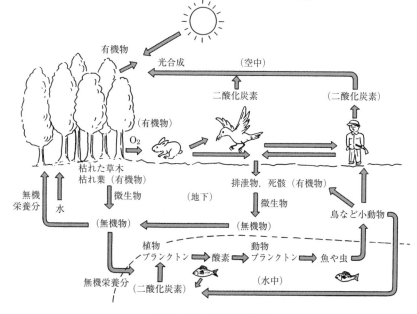

図 8・18　生物の生態系

③ 枯れ葉，枯れた草木，動物の排泄物および死骸などが微生物によって分解される．

④ 分解によって生じた無機物が，水とともに草木に吸収される．

⑤ 分解された無機物が大気に放出され，光合成に再利用される．

| 環境
アセスメント | 鉄道，道路，宅地造成などの事業計画ができた場合，その事業に先立ち，環境に与える影響について事前に調査，予測・評価し，その結果を公表し，地域住民の意見 |

を反映させるようにする．調査の結果によっては，事業内容を見直したり，保全対策の強化を図る．

図 8・19　環境アセスメント

| ミティゲーション | ミティゲーション（mitigation）という環境保全手法が広がってきた．できるだけ自然に影響を与えず開発 |

し，開発に伴い消失した自然は，その地形に合わせて復元策をとり，元の環境に近い状態にしようとするものである．この事業は，人間の活動による自然への影響を緩和もしくは補償する行為である．

ミティゲーションには次の5段階がある．

① 回避：ある行為をしないことで影響を避ける．

② 最小化：ある行為の規模を縮小して，その影響を最小化する．

③ 修正・修復：影響を受ける環境を修復・復元により矯正する．

④ 軽減：ある行為の実施期間中，保護やメンテナンスで影響を軽減・除去する．

⑤ 代償：代替資源や環境を置き換えて提供する代償措置を行う．

図 8・20　宅地造成

7
公害対策基本法と環境基本法

公害対策基本法　わが国の産業の高度成長期である 1960 年代は，都市化とともに各地で深刻な公害問題を引き起こした．公害の原因とその対策について見てみよう．

都市化や工業化の進展に伴う公害は，自然環境や生命と健康を脅かすものである．典型的な公害として，大気汚染（工場からの煤煙や自動車の排気ガス等），水質汚濁（工業排水，生活排水等），地盤沈下（地下水の汲み上げ等），騒音および振動（車両の走行や建設工事等），悪臭（工場からのアンモニアや硫化水素等の有害ガス），土壌汚染（農薬，重金属等の有害物質の残留等），海洋汚染（海洋不法投棄等）があげられる．

図 8・21　水質汚濁

また，ごみ，し尿，合成洗剤等の使用による河川，湖沼，水辺の汚れも目立ちはじめ，生活排水の流れ込むどぶ川と化してきた．

一方，農作物は化学肥料で，加工食品は各種の添加物や防腐剤で危険がいっぱいになり，複合汚染も心配されるようになった．公害防止の施策を定める法律（公害対策基本法）が 1967

図 8・22　海洋汚染

One Point　ODA（official development assistance）政府開発援助
　開発途上国の社会経済の発展と福祉の充実をめざし，生活の改善や人材の育成などを目的とした，先進国政府が行っている援助をいう．

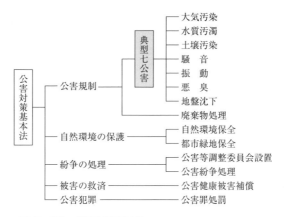

図8・23 公害対策基本法 (現在は環境基本法に統合廃止)

（昭和42）年に制定されたのに伴い，1972（昭和47）年9月からは，公害発生施設を設置する事業者に対し，公害防止組織の設置が義務付けられた（日照，通風，眺望阻害などはこの法律に含まれていない）.

環境基本法　環境基本法は，地球環境時代の新たな枠組を示す法律であり，「持続的な発展が可能な社会」「環境にやさしい社会」を築いていくための基本理念として，地球環境問題への対応と大量消費・大量廃棄型システムの見直しがうたわれている.

　この法律は，前年開催されたブラジルでの「国連環境開発会議」（地球サミット）を前提としてつくられ，1993（平成5）年11月に公布，施行された.

　近年の環境問題としては，環境汚染源の多様化，汚染範囲の拡大に伴い，温暖化の主因である二酸化炭素排出量の増加，酸性雨の広域化があげられる. また，地球上では毎年，1 500万 ha ほどの森林が消失していくかたわら，砂漠化も進み毎年 600万 ha に及ぶものと観測衛星がとらえている. このように地球レベルでの環境への対応が迫られている. 一方，ごみの排出量の年々の増加に対しても，社会経済活動による環境負荷（環境保全上の支障の原因となるもの）を可能な限り低減できるように，大量消費社会を見直し，生産，流通，消費のあらゆる段階で省資源，リサイクル型社会の構築が求められている.

　法体系の整備に関しては，環境影響評価（環境アセスメント）の法制化と環境税の導入を視野に入れた対応が急がれる.

8
ごみがどんどん
増えている

廃棄物の
量と種類

わが国で1年間に出される生活系ごみと事業系ごみの
排出量は，およそ4 000万トンを超える（**図8·24**）．廃
棄物の処理及び清掃に関する法律では，ごみは廃棄物と
よばれ，**図8·25**のように「一般廃棄物」と「産業廃棄物」の二つに分けられる．

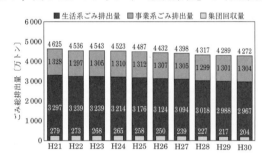

図8·24 生活系ごみと
事業系ごみの排出量の推移

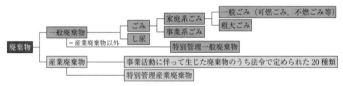

図8·25
廃棄物の区分

私たちの日常生活や仕事において，使用済みの製品や容器を廃棄物とせず，資
源として有効に利用することを考えよう．

資源有効利用
促進法

資源有効利用促進法は，2001（平成13）年4月に施行
され，循環型社会形成に関する一つの方策となっている．

① リサイクル（recycle）対策：再生資源の利用の促
進に関する法律を改正し，廃棄物の原材料としての再利用対策の強化を図る．

② リデュース（reduse）対策：製品の省資源化・長寿命化などによる廃棄物
発生の抑制を図る．

③　リユース（reuse）対策：使用済みの製品，部品，容器などを回収し，その中の部品などの再使用を図る．製品によっては少し手を加えることでそのまま使用できる．

リサイクルの流れと対象

代表的なリサイクルの流れは，**図 8・26** のようになる．リサイクルの対象となる暮らしの身近な品目をあげる．

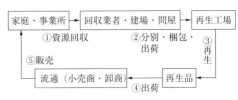

家庭・事業所 → 回収業者・建場・問屋 → 再生工場
①資源回収　　②分別・梱包・出荷　　③再生
⑤販売　　流通（小売商・卸商）　　④出荷　　再生品

図 8・26　リサイクルの流れ

①　紙のリサイクル：古紙の約 50% が再生紙として活用される．

②　缶類のリサイクル：スチール缶は鋼材となり，建設工事の鉄筋などになる．アルミ缶は，自動車部品や再度アルミ缶となる．

③　びん類のリサイクル：リターナルボトルと 1 回限りの使用ボトルに分けられる．

津波災害廃棄物の分別・処理

津波災害を受けた地域の復旧・復興には，適切かつ迅速な災害廃棄物の処理が急務である．津波による堆積物の中には，木屑，コンクリート屑，金属屑，紙屑および廃プラスチックなどが，土砂と混じり，渾然一体となって腐敗し，悪臭を放つ場合もある．また，有害物質の発生も考えられる．

①　応急対策：薬剤（消石灰など）の散布により，悪臭，害虫，粉塵の発生を防止する．

②　堆積物の処理：有効利用として，地盤沈下の埋め戻し，盛土材料などにあてる．

③　撤去のための収集・運搬，保管・処理場を確保する．

④　処理場では，ソイルセパレータにより，がれきの付着土砂を洗浄し，ごみや障害となるものを除去したのち，砂礫のような粒子の大きなものから順に振動ふるいや分離機を用いて，土砂の分級を行い，建設材料として有効利用ができるようにする．

図 8・27　塩釜市七ヶ浜町（宮城県）

9

生まれ変わった建設副産物

建設副産物対策　近年，人や環境にやさしい都市づくり，地域づくりを目指した社会基盤の整備が急速に進んでいるが，それに伴う建設工事から生ずる建設残土や建設廃棄物などの副産物も増加の一途をたどっている．

　これらの建設副産物対策として，「再生資源利用促進法」（平成3年4月制定），「廃棄物処理法」（平成4年7月改正）の二つの法律をリサイクル2法と呼び，これら2法に基づき建設副産物の再利用を強力に推進することになった．

　リサイクル法制定を機に，平成3年度から建設省を含む8省庁により，「リサイクル推進月間（毎年10月）」が定められた．各省庁を中心に，建設副産物リサイクル広報推進会議が発足し，小冊子やポスター，たれ幕の作成，キャッチコピーの公募，シンポジウムや講習会，見学会などを開催するなど，全国各地で多彩なキャンペーンが行われている．

図8・28　建設副産物リサイクルキャンペーン

One Point　リサイクル型社会

　環境への負荷をできるだけ低減させるために，モノの生産，流通，消費から最終処分にいたる流れの中で，なるべくごみを出さないようにする．使えるごみはもう一度使う．原料として再生できるものは原料に戻していく．こうして，社会システムそのものを資源の循環的な利用を行うしくみとしていくことを目指す社会のこと．

建設副産物対策としては，以下のとおりである．

① 工事現場からの発生量の抑制

② 他の現場での再利用の促進

③ 不法投棄を防止，適正処理の推進

④ 以上の対策が円滑に行われるための条件整備

**建設副産物と
再生資源，廃棄物
との関係**

副産物の概念は，工場や工事現場における事業活動等に伴って副次的に発生した物質をいう．建設工事に伴う副産物を建設副産物という．

再生資源は，副産物の中から求められるものであるが，原材料として利用することができるもの，また，その可能性があるものである．

廃棄物は，副産物の中で原材料として利用可能なものと不可能なものとが混在している場合が多い．**図8・29**のようになる．

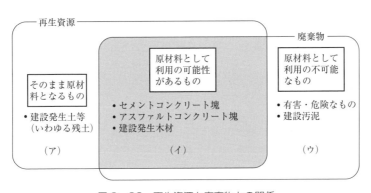

図8・29　再生資源と廃棄物との関係

図8・30　建設副産物

図8・31　建設副産物から
取り出した鉄筋（再生資源）

8 章のまとめの問題

【問題 1】 化石燃料は有限であり，公害発生源にもなっている．石油に代わるエネルギーについて調べよ．

解説 本章 8-2 節のエネルギー (2) を参照し，石油代替エネルギーの必要性について，環境問題の視点から考えてみよう．

【問題 2】 自然の恩恵に浴し，人と自然の豊かなふれあいを確保するために，森林・緑地や公園等の緑の保全が求められている．
森林や緑の果たしている役割について述べよ．

解説 本章 8-4 節の環境 (2) を参照し，緑の効用について考えてみよう．

【問題 3】 ミティゲーションとは，どうすることか．また，復元策の 5 段階について述べよ．

解説 本章 8-6 節の環境 (4) を参照し，持続的な開発から保全に向けての事業を考えてみよう．

【問題 4】 大量消費，大量廃棄型の社会経済活動を見直し，環境にやさしい社会について，心掛けていかなければならないことを環境基本法から述べよ．

解説 本章 8-7 節の環境 (5) を参照し，環境基本法の成立をどのようにして生かすか，その精神について考えてみよう．

【問題 5】 資源有効利用促進法にはどのような対策があるか．

解説 本章 8-8 節の資源利用 (1) を参照し，廃棄物の有効利用について考えてみよう．

【問題 6】 地球温暖化防止京都会議（COP3）で採択された京都議定書により，人類がこれから地球温暖化問題に対して，どのように取組んでいけばよいか，パリ協定（COP23）が守れるようなルールづくりや，パリ協定に続く，その後のCOP が重視する温暖化対策を考えよ．

解説 英グラスゴーで開催された COP26 では，日本を含め約 120 か国の首脳により，パリ協定の実施指針がすべて合意されるなど，温暖化ガス削減に向けての成果を挙げることができた．また，わが国の政府は，事業活動で出る温暖化ガスを 2050 年までに実質ゼロにするための発表を行った．

9章 防災

防　災

　わが国は，国土面積の 3 分の 2 が山地であり，その渓谷からの流水が河川となり，河口の沖積平野には人口や産業が集中している．このため，台風，豪雨などによる河川の氾濫，山崩れなどにより毎年大きな被害を受けている．

　さらに，環太平洋地震（火山）帯に位置し，大小の構造線や活断層が走っている．

　このような脆弱な国土を上手に活用していくためにも，防災に関して万全の措置を講ずるとともに，災害を未然に防止し，減災に努めていくことが大切である．

　本章では，このように災害に見舞われやすい国土であることを承知のうえで，憂いのない防災対策が喫緊の要務として取り上げられている．

　南海トラフでの東海・東南海・南海の連動による地震発生も刻々と迫っている．東日本大震災の教訓を生かして，危惧される災害を最小限にするための努力が，今ほど求められているときもない．

塩釜市車両収拾ヤード（宮城県）

1
災害に見舞われやすい国土

わが国の自然災害　　　ここ数十年におけるわが国の主な自然災害には，雲仙・普賢岳の噴火による大火砕流の発生（1991〈平成 3〉年 6 月），奥尻島を中心に襲った北海道南西沖地震とそれに伴う大津波（1993〈平成 5〉年 7 月），淡路島北岸の瀬戸内海を震源とした兵庫県南部地震（1995〈平成 7〉年 1 月），新潟県中部に発生した新潟県中越地震（2004〈平成 16〉年 10 月），日本観測史上最大の地震と大津波が襲った東北地方太平洋沖地震（2011〈平成 23〉年 3 月），紀伊半島から近畿地方を中心とした台風 12 号の豪雨による紀伊半島大水害（2011〈平成 23〉年 9 月）などに代表されるが，地震・津波，火山災害，台風水害，集中豪雨など数多くの災害が発生し，わが国はまさに災害列島になっている．

■ 変化に富んだ気象条件

わが国の気候は，洋上と大陸の二つの気団の影響を受け，6 月から 7 月にかけて前線活動が活発になり，梅雨末期には集中豪雨に見舞われる．また，7 月から 10 月までの間に台風が来襲し，暴風雨をもたらしている．

冬期には，シベリアからの寒気団によって豪雪による被害の発生が多い．

■ 地形・地質条件

国土の大部分が急峻な山地であり，したがって，河川勾配も急であるので，降雨が短時間に集中し，洪水や土砂災害が発生しやすい条件にある．

One Point 防災の日

9 月 1 日「防災の日」は，立春から数えて 210 日目にあたり，稲作の最盛期の頃だが，台風襲来の時期と重なり，昔から農家の厄日とされてきた．関東大震災（大正 12 年 9 月 1 日）もこの日にあたり，昭和 35 年に「防災の日」に定められている．

■ 地震

　国土が環太平洋地震帯の上にあり，地震による災害を受けやすい条件にある．地震は，地殻に力が加えられ，そのために地殻のひずみがある限度を超えたとき，地殻がすべり破壊を起こし，蓄積されていたエネルギーが地震波となって発散する現象である．

■ 火山活動

　国土が環太平洋火山帯に位置し，日本列島沿いに地震が発生するとともに，各地に活火山が分布している．雲仙岳，阿蘇山，桜島をはじめとして，噴火や火山性地震が繰り返されている．

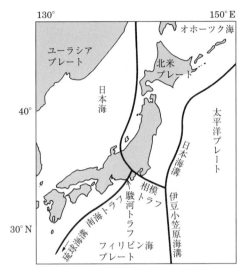

図9・1　日本付近の海溝(トラフ)およびプレート

国土の利用と災害

　わが国は，気象・地形・地質的にみて災害の発生しやすい国土条件にあり，近年の土地利用の高度化や都市化社会の進展に伴い災害の態様も変化してきた．

　農地，山林，原野が減少し，また，急傾斜地域や低地の宅地開発などによって，土地のもつ保水機能の低下や遊水地としての機能が失われてきた．

　一方，都市化による水道・電気・ガスなどのライフラインがコンピュータ，情報・通信システムに組み込まれた現代社会では，いったん災害が発生すると被害が多方面にわたる危険性をはらんでいる．

図9・2　離岸堤工事

図9・3　離岸堤ブロックとなるテトラポット

台風の襲来　前線や台風による豪雨は，河川の氾濫による洪水災害や，土石流・がけ崩れなどの土砂災害の誘因となっている．また，気圧低下と風雨による高潮は，沿岸部の高潮・波浪災害につながる場合が多い．

線状降水帯　長時間にわたり積乱雲が次々と発生し，連なって停滞し，大雨を同じエリアにもたらす気象現象を**線状降水帯**と呼んでいる．

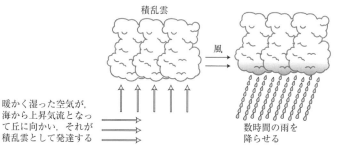

図 9・4　線状降水帯による豪雨

　これらの風水害対策として，洪水対策には，河川の浚渫（しゅんせつ），河道の改修，堤防の補強，放水路やショートカットの整備などがなされている．また，高潮や津波対策としては，海岸堤防，防波堤，防潮堤，避難ビルおよび避難路の整備などがあげられる．

台風による
風水害の事例　記録的豪雨となった 2011（平成 23）年の台風 12 号の経路をたどり，台風災害についての理解を深めよう．この台風は，8 月 25 日にマリアナ諸島の西の海上で発生し，ゆっくりとした速度で北に向き，9 月 3 日高知県東部に上陸した．その後，中国地方を横断し，4 日未明に日本海に抜けた．

　この台風の速度が遅かった原因は，台風の行く手を**図 9・5** のように，大陸と太平洋の 2 つの高気圧に阻まれた気圧配置によるものであった．

■ 台風 12 号（2011 年）の特徴

　台風の大きさは，半径約 200 km あり，台風進路の右側エリアの危険半径の中に近畿地方が覆われ，台風の進行速度が遅かった分だけ，覆われていた地域には長時間の降雨が続いた．その中でも紀伊山地以南の和歌山県，奈良県，三重県

などでは長時間の豪雨により惨状を呈した．総務省では，これらの県に岡山県を加えた19自治体を，災害交付金の繰り上げ交付を行わなければならない激甚災害の地域に指定した．

図9・5 台風12号の経路

被害の状況

台風の特徴からみると，雨台風であった．消防庁によれば，犠牲者が100人を超え，浸水被害が18 000棟近くに及んでいる．

なぜ多くの生命が失われたか

山間部で暮らす人々にとって，緊急事態に直面していても，避難指示が遅れると次の避難行動がとりにくくなる．この台風のように大型で豪雨が長時間続いている場合は，地中の岩石の割れ目に雨水が染み込み，岩盤を支える力が弱くなり，表層崩れのみならず「**深層崩壊**」（雨水が岩盤の割れ目を通り，地下深く染み込み，岩盤内に地下水が集中し，岩盤ごと崩れ落ちる現象）が起こる．この土砂崩れによって，奈良県・和歌山県では，多数のせき止め湖ができ，越水や土石流による崩壊を防ぐため，突貫工事による排水作業が行われた．

豪雨や台風から身を守るため，どこで被害を受けそうか，気象情報や防災マップを活用し，雨の降り方によって，情況判断ができるようにしておいて，避難や防災に役立てよう．

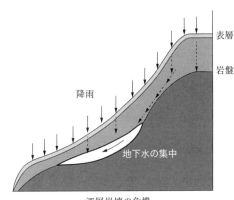

深層崩壊の危機

図9・6 深層崩壊

2
災害は忘れたころにやってくる

ごぶさたしました
また また
突然すみません
災害です…

主な風水害

　雨風を引き起こす原因となる低気圧のなかで，熱帯の海上で発生する熱帯低気圧のうち，最大風速が 17.2 m/s を超えたものが「台風」といわれている．台風の襲来も年によってばらつきがあるが，近年では年平均約 3 個が本土に上陸している．

　わが国を襲った主な台風をあげると

① 室戸台風（1934〈昭和 9〉年 9 月）

　室戸岬に上陸．死者・行方不明者約 3 000 人

② 枕崎台風（1945〈昭和 20〉年 9 月）

　九州の枕崎付近に上陸．死者・行方不明者約 3 800 人

③ 伊勢湾台風（1959〈昭和 34〉年 9 月）

　潮岬付近に上陸．死者・行方不明者約 5 100 人

図 9・7
室戸岬灯台

地震災害

　わが国は，地理的に世界の中でも有数の地震発生国であり，それに伴う活火山がある．こうした活発な地殻活動は，日本列島の自然に美しい山と湖をもつ景観をつくってきた．その一方で，しばしば地震災害をもたらし，今後も引き続き地震活動が予測されている．

　近年の巨大地震をあげると，1995（平成 7）年 1 月 17 日発生の兵庫県南部地震の場合は，「活断層の移動による激しい突き上げを生じ，**上下に動く直下型**」であった．一方，2011（平成 23）年 3 月 11 日発生の東北地方太平洋沖地震では

One Point 液状化（liquefaction）

　砂地盤において，粒子間の空隙が水で飽和されているとき，地震による揺れを受けると，そのせん断力により土粒子間の噛み合わせがはずれ，地盤が液状を呈する現象をいう．構造物の倒壊や不等沈下の原因になる．

「**ゆらゆらと長周期で水平方向の揺れが大きくなる海溝型**」であった．両巨大地震の災害を指して，前者を阪神・淡路大震災，後者を東日本大震災と呼んでいる．

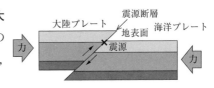

図 9・8　地震の発生（模式図）

これらの地震や火山は，プレート運動と結びつけて理解されている．

日本列島は，太平洋プレートがユーラシアプレートの下にもぐり込むところに位置している．**海溝型地震**は，海洋プレートの沈下・圧縮に引き込まれた陸のプレートの先端のひずみが限度を超えると，すべり破壊を起こしてはね返って発生する．また，

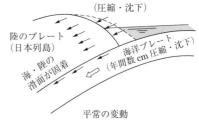

図 9・9　地殻変動

直下型地震は内陸部の活断層が原因と考えられる．

■ マグニチュードと震度

マグニチュードは，地震エネルギーに対応して地震の大きさ（規模）を表す尺度である．震度は，ある地点における地震の揺れの強さをいう．気象庁では震度を，体感，揺れ方，被害の状況等により 0 から 7 までを 10 階級（0，1，2，3，4，5 弱，5 強，6 弱，6 強，7）にとっている．

■ 津波

海底で大きな地震が起こると，断層の運動により，海底が隆起したり沈降したりする．これに応じて海面が変動し，これが波として四方に広がっていくのが津波である．

火山災害

活火山の活動による災害要因としては，噴火現象（マグマの活動によって地下にある物質が急速に地表に噴出する現象）による溶岩，火山ガス，火山砕屑物などによって発生するもの，また，噴火に伴う火山泥流，山体崩壊，津波などによるもの．さらに火山性地震，火山性地殻変動による場合もある．

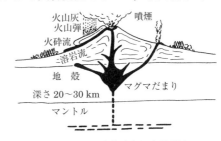

図 9・10　火山噴火による災害

代表的な災害要因とその事例をあげる.

溶岩流

溶岩が地形に沿って流下する現象. 1983
（昭和 58）年 10 月の三宅島の噴火では, 島
の南西部を溶岩流が埋め, 家屋焼失・埋没に
よって 394 棟を失う.

図 9・11　長崎県・水無川（渓流）
火砕流（提供：陸上自衛隊）

火砕流

火山砕屑物と高温のガスが一体になり高速で流下する現象. 1991（平成 3）年
6 月の雲仙普賢岳の噴火による火砕流の発生で, 43 名の犠牲者が出た.

大泥流

大噴火によって, 近くの火山湖の決壊や融雪により発生した泥水が流下する現
象. 1926（大正 15）年 5 月の十勝岳の大噴火により大泥流が発生し, 2 か村埋
没, 144 名の犠牲者が出た.

火山ガス

火口や噴気口から水蒸気とともに流化水素, 亜硫酸ガスのような有毒ガスを含
んだ火山ガスが出ることがある.

1976（昭和 51）年 8 月草津白根山で硫化水素中毒により 3 名の犠牲者が出た.

表 9・1　火山活動の新しい段階表示

活動レベル	火山の状態	災害の危険性	監視観測体制
0（白）	静隠. 長期間火山の活動の兆候なし	極めて低い	活動の変化を把握
1（緑）	噴気があるか, 最近群発地震などが発生	低い. 火山ガス災害の可能性	活動の変化を迅速に把握する常時監視
2（黄）	噴火の可能性を示す異常現象を検出	突発的な噴火で不慮の災害の可能性	観測強化. 社会に注意を呼び掛け
3（だいだい）	既存の火口で小～中噴火が発生	火口周辺で災害が発生する可能性	社会に警戒を呼び掛け
4（赤）	火山周辺に影響がある中～大噴火が発生	居住地などで災害が発生する可能性	社会に厳重な警戒を呼び掛け

津　波

北海道南西沖地震（1993〈平成 5〉年 7 月 12 日）では,
大津波の発生, 斜面の崩壊および火災による死者, 行方
不明者 237 人, 負傷者 236 人という近年の地震災害でも最も多くの犠牲者を出し
た. 局所的には最大溯上高 20 m 以上に及ぶ津波による被害となる.

■ 津波の発生と来襲

海底の浅い場所で規模の大きな地震が発生すると，震源となった断層のずれによって，海底のプレートが隆起したり，沈降したりする．隆起したプレートが海底を持ち上げ，沈降したプレートで海水を引き下げる．この落差が波として四方八方に伝搬していくのが津波である．

したがって，水底地下深部や内陸部で起こった地震によって津波が発生することはない．また，海底地震でも震度が小さく地殻変動が小さい場合には，津波の心配はあまりない．津波の伝搬速度は，水深が深いほど速くなる．

■ 津波予報

地震波は津波の速度に比べて非常に速いので，地震を観測することにより，津波の来襲を予想することができる．

- 津波予報は全国6か所にある津波予報中枢の気象官署から発表される．
- 地震の震源が担当海域で，しかも浅い海底で，一定規模以上の大きさであることが判明したときは，津波予報が発表される．
- 津波予報は，全国の海岸を18区に分けて予報区ごとに内容を決めて発表される．内容は，**津波警報**と**津波注意報**がある．

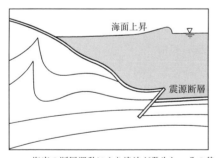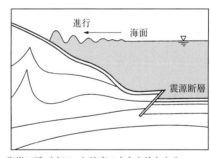

海底の断層運動により津波が発生し，その後，海岸に近づくにつれ波高の大きな波となる．

図9・12　津波の発生(その1)　　　　図9・13　津波の発生(その2)

One Point プレートテクトニクス（plate tectonics）

大規模な地表面の変動を大小のプレートの動きで説明しようとする理論であり，火山，地震，造山運動など多くの地学的現象がプレートテクトニクスとプレートの境界で発生するものとされている．

3
防災情報システムの整備

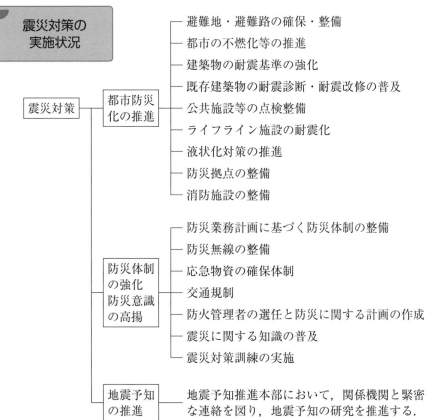

震災対策の実施状況

震災対策 ─┬─ 都市防災化の推進 ─┬─ 避難地・避難路の確保・整備
          │   ├─ 都市の不燃化等の推進
          │   ├─ 建築物の耐震基準の強化
          │   ├─ 既存建築物の耐震診断・耐震改修の普及
          │   ├─ 公共施設等の点検整備
          │   ├─ ライフライン施設の耐震化
          │   ├─ 液状化対策の推進
          │   ├─ 防災拠点の整備
          │   └─ 消防施設の整備
          │
          ├─ 防災体制の強化 ─┬─ 防災業務計画に基づく防災体制の整備
          │   防災意識の高揚   ├─ 防災無線の整備
          │   ├─ 応急物資の確保体制
          │   ├─ 交通規制
          │   ├─ 防火管理者の選任と防災に関する計画の作成
          │   ├─ 震災に関する知識の普及
          │   └─ 震災対策訓練の実施
          │
          └─ 地震予知の推進 ─── 地震予知推進本部において，関係機関と緊密な連絡を図り，地震予知の研究を推進する．

災害対策基本法　　この法律の目的とするところは，災害（暴風・豪雨・豪雪・洪水・高潮・地震・津波・その他の大規模な火災もしくは爆発）を未然に防止し，また，災害が発生した場合における被害の拡大

を防ぐため，公共機関を通じて必要な体制を確立することである．

防災計画の作成，災害応急対策，災害復旧および防災に関する財政金融措置等の総合的な災害対策の整備・推進を図るために設けられ，1961（昭和 36）年に制定された．

図 9・14 防災行政無線塔

> **One Point** リモートセンシング（remote sensing）
>
> リモートセンシングは，地上からのレーダ，航空機や人工衛星からの観測により，物体の種類や地形・地質を判別する．それを地上での観測データと照合して画像処理し，地形図が作成される．また，森林や市街地の解析，水資源や海洋調査，環境汚染や災害発生状況の調査・解析などにも活用されている．

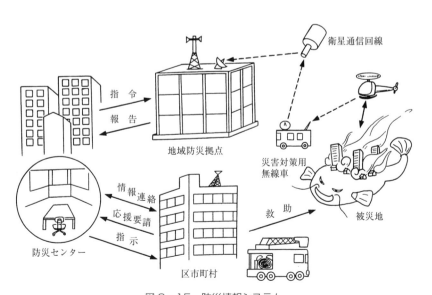

図 9・15 防災情報システム

土木の歴史 ｜ 国土計画 ｜ 数理的計画論 ｜ 交 通 ｜ 治 水 ｜ 利 水 ｜ 都市計画 ｜ 環境保全 ｜ 防 災

233

4
備えあれば憂いなし

> どこまで
> 強くするか？

大都市の災害を想像してみよう. 地震, 津波, 高潮, ……どれをとっても, 巨大で複雑化した都市には予測できないような事態が起こりかねない. 都市の膨張は, 被害をますます大きくするのではなかろうか.

土木の分野は社会基盤の整備を目標にしていることから, 防災を無視したら, あとには何も残らない. 土木工学は防災工学に適用されるとき, その真価を発揮することになる.

図9・16 災害現場に急ぐヘリコプター
（提供：陸上自衛隊）

図9・17 防潮堤

図9・18 北海道南西沖地震による
奥尻島大津波・火災が襲う

維持・管理も重要

　1970年代前後の高度成長期を中心に整備された道路やダムをはじめとする社会資本は，年々老朽化が進んでおり，構造物の特性に応じた計画的な維持管理が必要になっている．これらの多くの社会資本は，2020〜2030年に更新（建て替え）の時期を迎える．しかし，財政上からも，地域生活との関わりからも短期のメンテナンスが困難であり，そのうえ，建設廃棄物の発生による環境負荷にも配慮する必要がある．今後の土木事業にとって大きな課題である．

情報化社会のもろさと人間の弱さ

　自動化，情報化，インテリジェント化など，これら先端技術によるシステムがすばらしい力を発揮している．

　しかし，忘れがちな点は，「人間は間違える」ということだ．人間がおかす間違いが，巨大災害を生みかねない．例えば，原発である．スリーマイルもチェルノブイリの事故も，オペレータの誤操作が事故拡大の要因になっているといわれる．今ほど，防災について，世の中の関心や一人ひとりの意識の高揚が必要なときもない．

（自衛隊による救助作業
〈提供：陸上自衛隊〉）

図9・19　阪神・淡路大震災の災害

5
近づく東海・東南海・南海の連動地震

　1995（平成7）年1月17日，阪神地区・淡路島を襲った兵庫県南部地震は，淡路島北淡町野島断層を震源とするマグニチュード7.3の規模（大きさ）の内陸直下型地震であった．被害を受た地方名から阪神・淡路大震災と呼ばれている．この地震による被害は淡路島，神戸市，西宮市，芦屋市など周辺市町村に及び，死者は6430余名に達し，建物の全壊が約105000戸，半壊が約144000戸となっている．

　この大震災により，国の防災対策の基本となる「防災基本計画」が同年12月に抜本的に改定された．その後も，大小の余震や誘発地震が断続的に続いたので，国民の防災意識も高まりを見せていた．

　防災への備えが始まった矢先，2011（平成23）年3月11日東北地方の太平洋側に東北地方太平洋沖地震が襲来した．この地震は，日本の地震観測史上最大のマグニチュード9.0規模の海構型巨大地震となった．東日本の7県では震度6弱以上の地震の揺れの強さを観測した．また，この地震による災害（東日本大震災）は，北海道から関東地方にかけて太平洋沿岸部へ大津波が浸入し，死者・行方不明約19000名，建物等物的損失の詳細については把握できないが，6県にわたり13万棟の住家を倒壊もしくは流出させている．そのうえ，福島第一原子力発電所事故を誘発し，がれき対策を困難にし，加えて，土壌汚染，水質汚染などの公害について

図9・20　津波避難標識（高知市）

図9・21　避難誘導灯（高知市）

も甚大な被害をもたらし，復興まで多くの時間を要することとなった．

中央防災会議では，「東北地方太平洋沖地震を教訓とした地震・津波対策」を立ちあげ，南海トラフの巨大地震とされる東海・東南海・南海地震の連動による発生を想定した最大級の地震について，震度分布・津波高・浸水域・海岸堤防が破堤する条件などに関する技術の粋を集めた検討がなされてきた．

図9・22　安政南海地震碑文，彫られた玉垣　琴平神社（高知県南国市）

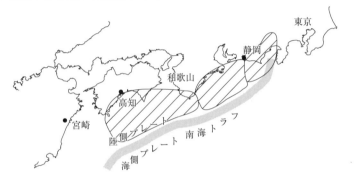

図9・23　南海トラフ想定震源域

南海トラフ付近では，フィリピン海プレートがユーラシアプレートの下に沈み込む動きを見せている．年ごとに2つのプレートの境界付近でひずみがたまり，そのひずみの蓄積に耐えられなくなったとき，元に戻ろうとはね上がることにより，この付近で地震が発生する．

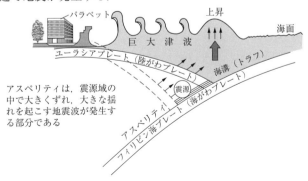

図9・24　巨大地震モデル

6
予測技術への期待

予測技術への期待

　地震や津波の研究においては，阪神・淡路大震災の教訓と東日本大震災の知見を踏まえて，着実に解明が進んでいる.

　地震予知とは，地震発生前に場所，規模，時間が判断できることをいう. 現状では，この具体的な事項について，社会の期待するような直前予知の実現には，東北地方太平洋沖地震のケースでわかるように，困難さが示されている.

　主要な海溝型地震や兵庫県南部地震の原因となった，一般の活断層について評価する「長期予測」は，いつ頃発生するかという時間でなく，一定期間内で起きる確率で示され，例えば「今後 30 年以内に 60%」などと表現される.

図 9・25　予測技術は，過去に襲ってきた風水害・地震災害・火山災害などの経験の蓄積をもとに，現代の先端技術の粋を集めて進められている

　期待されるのは「どこでどの程度の地震が今後 1 年以内に起きる」というような予測だが，現状の研究では，まだ正確なところがわかっていないようである.

地震発生の予測について

　地震調査研究推進本部では，各省庁の協力を得て，「地震に関する基盤的調査観測計画」に基づき観測地点を日本列島で 1 000 点くらい設け，観測施設の整備や観測の推進を図っている. また，国土地理院では，国土全体に 20 km 間隔の GPS（全地球測位システム）の観測点を設け，国土の位置がわかる観測体制を整えている. さらに，日本全体の主な活断層の調査を行い，大地震につながりそうな主要活断層の履歴が明らかにされている. これらから全国を鳥瞰

図 9・26　塩釜市吉田浜（宮城県）

できる「地震動予測地図」が作成されている.

地震の予知は,地震動の予測が充実した今日においても,いつ,どこで,どれくらいの規模の地震が発生するのかを高い確率で予測することは困難である.

> **予測技術に頼れない現在取るべき対策**

自分の住居がマグニチュードのどれくらいの規模までの地震に耐えうるかを知っておきたい.建築基準法が大幅に改正された1981(昭和56)年を境に,その前と後では家の耐震強度が全く違っており,1981(昭和56)年以前に建てられた家には強度に疑問が残るため,耐震診断が必要である.阪神・淡路大震災のとき亡くなられた方々の80%は,古い木造家屋の倒壊による圧死であるといわれている.耐震補強には,自治体の補助制度が活用できる.また,日頃から避難訓練をはじめ有事に備えて周到な計画が必要である.

> **事前復興計画**

事前復興は,災害が発生した際のことを想定し,防災・減災の一環として,被害を最小限に抑えることができるように,まちづくり構想や都市計画構想を練り上げていく取組みである.日頃から被災した思いで防災に力を入れ,いつ集中豪雨や地震などの襲来があっても,精神的にも物理的にも準備ができている様子をいう.

これには,ハード面において防災構造物の整備を行うことと,ソフト面において,災害発生前後における意思決定組織の立ち上げの手順を,誰にもわかりやすく末端まで明確に,かつ迅速に届けるという二つの面がある.

> **BCP/BCM**

事業継続計画(BCP: business continuity planning)は,緊急時に行う事業継続のための計画である.東日本大震災を機に,BCPの見直しや拡充を図る企業が増えている.地震などの自然災害が発生したときに有効な手立てがなければ倒壊した建造物の復旧が困難になる.平素からBCPを組織化し緊急時に備え,早期に復旧・復興が図れるようにしておく.

事業継続マネジメント(BCM: business continuity management)は,BCPを受けて,その不完全性をできるところから修正しながら,日常業務を見直し,少しずつ災害に強い体制をつくりあげていくことである.リスクを組織的にマネジメントするためには,人材の育成に重きを置きながら,教育訓練により技術を磨き,生産性を高めるために点検・是正のフィードバックが重要になる.

7
東日本大震災の教訓

マグネチュード9
による門柱の倒壊

世界で発生する大きな地震の約2割は，日本の周辺で発生しているといわれている．近年，甚大な災害となった兵庫県南部地震（1995〈平成7〉年），新潟県中越地震（2004〈平成16〉年），東北地方太平洋沖地震（2011〈平成23〉年）など，このほかにも時系列で見れば大小の地震が続いている．

大地震・大津波は，多くの人命を奪い，都市インフラや山地斜面の崩壊，加えて原子力発電所事故などにより，国を揺さぶるような大災害となっている．

中央防災会議では，東日本大震災の教訓から，今世紀の前半にも発生するといわれている東海・東南海・南海連動型地震津波対策に全力で取り組んでいる．

地震の研究が進んできた現在でも，その予知については，発生の日時や震源の位置がわかるようになるまでは時間がかかりそうである．地震が発生したとき「想定外」という言葉が使われることがあるが，これは予測しがたく，かつ，発生確率の小さい地震を無視していたときに言われている．

さかのぼって巨大地震を見ると，「貞観地震」は，今から1000年以前の平安時代，869（貞観11）年に起きたのであり，東日本大震災は，それから千年に一度の大津波となっている．土木技術の粋を集めた構造物にも寿命があり，ハード面の施設に頼ることにも限界のあることを知り，そして想定を超える災害が起こることを承知し，後世に伝えていかなければならない．

大災害から人命を救い，被害を最小限にするためには，地域が一体となって災害対応計画や事前復興に取り組み，防災意識を高めるなど，ソフト面からの事前の備えが必要である．

**防災意識と
自然災害への備え**

1.　災害弱者と津波避難

　高齢社会に向けて，人々の人格が尊重され，住み慣れた地域でいっしょに助け合いながら暮らしていく社会のあり方が求められる.

① 　高齢者の住まいの充実

② 　防災上，住宅改造の促進

③ 　安全で安心できる生活環境づくり

④ 　高齢者の福祉サービス

⑤ 　高齢者の社会参加と生きがい

2.　自主防災組織

　地域防災力の担い手となるのは，地域住民を中心とした，地域で活動するすべての人々であり，「自助」「共助」および「公助」から成り立っている.　自主防災組織を通してコミュニティとの協働システムがつくられていることが大切である.

① 　津波「てんでんこ」が示すような避難の確実化

② 　予測される避難路の障害物への対応

③ 　避難場所・避難ビルの再構築

3.　有事に対して事前の備え（事前復興）

　津波避難の困難度やその可能性については，東日本大震災の事例教訓から，近い将来襲来するといわれるマグニチュード 9.0 クラスになる東海・東南海・南海の 3 連動地震が発生した際に想定される津波高に基づけば，事前の備えがなければ壊滅的な被害が予想されるだろう.　また，発災後の復旧・復興への道筋も，地域住民の合意のもとでしっかりしたシナリオを描いておく必要がある.

① 　地域の防災面の脆弱性を点検

② 　災害が起きたときのことを想定して，被害を最小にできるようなまちづくりを推進（ここではハード面の意味）

③ 　発災を想定し，限られた時間で復興に関する組織を立ち上げるための，地域における基礎的データの収集と調査・研究

④ 　想定される発災に対して，復興に対する手順を分かりやすく提示（ここでは過去の事例から得られた教訓の集積で，ソフト面の意味）

などがある.

土木の歴史　｜　国土計画　｜　数理的計画論　｜　交　通　｜　治　水　｜　利　水　｜　都市計画　｜　環境保全　｜　防　災

9 章のまとめの問題

【問題 1】「災害は忘れたころにやってくる」といわれるが，自然災害の原因となる「異常な自然現象」により大きな被害を繰り返している．そのうえ，近年の国土の利用の変化や都市化社会の進展が，被害をいっそう甚大なものにしている．

災害には不可抗力の場合もあるが，日々の生活の心構えや備えによって被害を軽減できる部分もある．災害対策についての必要な事項をあげよ．

> 解説 本章 9-1，9-2，9-4 節の災害対策について皆で話し合い，日ごろから防災に関する心構えを身につけるようにしたい．

【問題 2】 次の術語を説明せよ．

（1）深層崩壊 （2）事前復興計画

> 解説 本章 9-1 節の台風による風水害，9-6 節の災害に備えた事前復興計画参照．

【問題 3】 高度成長期に整備された社会資本が更新期を迎えている．更新にあたっての留意点について述べよ．

> 解説 本章 9-4 節の備えあれば憂いなし，維持管理の重要性を参照．

【問題 4】 中央防災会議では，南海トラフの東海・東南海・南海地震の連動によって巨大地震が今世紀前半にも高い確率で発生すると予測されている．2011（平成 23）年 3 月 11 日，東北地方太平洋沖地震のマグニチュード 9.0 規模の甚大な被害を見て，上記連動地震の発生について，あなたの考えている地震防災戦略を簡潔にまとめよ．

> 解説 本章 9-3 節の防災情報システムの活用，9-5 節の巨大津波への対応，同時に中央防災会議の東海地震，東南海・南海地震対策の現状について，ウェブサイトを参照．

【問題 5】 線状降水帯の発生に関するメカニズムを図示せよ．

> 解説 本章 p. 226 を参照．長時間にわたり，海からの積乱雲が次々と発生し，上昇気流として陸上で豪雨の原始として帯状の降水域を形成する．

参考文献

*発行年が古い書籍もリストに挙げているが，土木計画を学ぶ
うえで大変参考になるので，ぜひ，探して読んでみてほしい．

- -

1章

1) 竹村公太郎「INTERVIEW　地形図を見ると歴史が違って見える」『土木学会誌』
（土木学会）2007 年 3 月号，p. 16.

2) 福沢諭吉『文明論之概略』岩波文庫，1931 年，p. 54.

3) 石田東生「目指したい安寧の公共学と課題認識」『土木学会誌』（土木学会）2018
年 6 月号，vol. 103，no. 6，p. 33.

4) 杉田秀夫『長大橋を支える海中土木技術』山海堂，1994 年.

5) 金達寿『行基の時代』朝日新聞社，1982 年.

6) 週刊朝日百科『仏教を歩く 17 号：行基と［東大寺］』朝日新聞社，2004 年.

7) 林屋辰三郎編『歴史のなかの都市』日本放送出版協会，1982 年，pp. 180–182.

8) 林屋辰三郎編『歴史のなかの都市』日本放送出版協会，1982 年，pp. 169–171.

9) 平雅行『歴史のなかに見る親鸞』法蔵館，2011 年，pp. 123–139.

10) 井上靖『風涛』新潮文庫，1963 年.

11) 山本兼一『火天の城』文春文庫，2007 年.

12) 林屋辰三郎『角倉素庵』朝日新聞社，1978 年，p. 71.

13) 小川博三『日本土木史概説』共立出版，1975 年，pp. 66–171，80–183.

14) 司馬遼太郎『街道をゆく 24　近江散歩，奈良散歩』朝日文庫，2009 年，p. 124.

15) 水上勉『越前一乗谷』中央公論社，1975 年.

16) 玉野富雄「大阪城石垣の築造技術」土木学会夏期講習会資料，2012 年.

17) 服部鉦太郎「裁断橋の話」『在家仏教』（在家仏教協会）1982 年 5 月号，pp. 36–42.

18) 司馬遼太郎『歴史の世界から』中央公論社，1980 年，pp. 67–72.

19) 川鍋定男「近世前期の用水普請と大開発」『週刊朝日百科　日本の歴史 73　近世 I–
⑦開発と治水』（朝日新聞社）1987 年，pp. 200–201.

20) 横川末吉『野中兼山』吉川弘文館，1962 年.

21) 松沢卓郎『野中兼山』講談社，1942 年.

22) 大原富枝『婉という女』新潮文庫，1963 年.

23) 奈良本辰也「宝暦の治水工事　薩摩藩士たちの多大な犠牲によって報いられた世紀

の土木事業！」『歴史と旅』（秋田書店）1984 年 7 月，pp. 36–45.

24）調査報告書「木曽三川」国土交通省中部地方整備局，2007 年.

25）高橋直服『宝暦治水薩摩義士顕彰百年史』高橋先生著書刊行会，1995 年.

26）杉本苑子『孤愁の岸（上・下）』講談社文庫，1982 年.

27）池上義一『宝暦治水記』潮出版社，1972 年.

28）「近世の道　五街道」（国土交通省）.

https://www.mlit.go.jp/road/michi-re/3-1.htm

29）『CG 日本史シリーズ⑤　江戸の風景』双葉社スーパームック，2008 年，p. 30.

30）木原溥幸編『香川県謎解き散歩』新人物往来社，2012 年，p. 203.

31）丸亀市史編集委員会『新修　丸亀市史』丸亀市役所，1971 年，pp. 254–255.

32）堺屋太一「ニッポン公共事業物語」『NHK テレビテキスト　歴史は眠らない』（日本放送出版協会）2010 年 4–5 月，p. 110.

33）『週刊朝日百科　日本の歴史 93　近世から近代へ–⑤開国』（朝日新聞社）1988 年，pp. 9–133.

34）武田楠雄『維新と科学』，岩波新書，1972 年，pp. 53–54.

35）小川博三『日本土木史概説』共立出版，1975 年，pp. 156–162.

36）田村喜子『京都インクライン物語』新潮社，1982 年.

37）星野芳郎「『のぼり窯』の素材について」，久保栄『ロマン　のぼり窯——附・批評集・文献目録』北方文芸刊行会 1973 年，pp. 326–327.

38）藤井三樹夫「南郷洗堰」『土木学会誌』（土木学会）2003 年 9 月号，pp. 62–63.

2 章

1）国土交通省「国土形成計画（全国計画）リーフレット」

（https://www.mlit.go.jp/common/001109414.pdf）をもとに作成.

2）国土交通省国土計画局「新しい国土形成計画制度について」『月刊建設物価』（建設物価調査会），2006 年 6 月号，p. 10.

3）むのたけじ・岡村昭彦『1968 年——歩み出すための素材』三省堂新書 25，1968 年.

4）E. H. カー『歴史とは何か』岩波新書，1962 年，pp. 182–183.

5）京都市防災ポータルサイト「土砂ハザードマップ（東山区）」.

3章

1) 藤井聡『改訂版　土木計画学　公共選択の社会科学』学芸出版社，2018 年.

2) 樗木武『土木計画学（第 3 版）』森北出版，2011 年.

3) 西村昂，本田義明編著『新編土木計画学』オーム社，2012 年.

4) 飯田恭敬『土木計画システム分析　最適化編』森北出版，1991 年.

5) 飯田恭敬，岡田憲夫『土木計画システム分析　現象分析編』森北出版，1992 年.

6) Alfredo H. S. Ang, Wilson H. Tang（伊藤学，亀田弘行訳）『改訂　土木・建築のための確率・統計の基礎』丸善出版，2007 年.

7) 吉川和広編著『土木計画学演習』森北出版，1985 年.

8) 樗木武，田村洋一，清田勝，外井哲志，河野雅也，吉武哲信『演習　土木計画数学』森北出版，1991 年.

9) 加藤晃，竹内伝史『土木計画学のためのデータ解析法』共立出版，1981 年.

10) 粟津清蔵監修，福島博行・前田全英・長谷川武司共著『絵とき　土木施工管理』オーム社，1995 年.

11) 涌井良幸，涌井貞美『史上最強図解　これならわかる！統計学』ナツメ社，2010 年.

4章

1)「II. 道路の種類」『道路行政の簡単解説』（国土交通省）.
https://www.mlit.go.jp/road/sisaku/dorogyousei/2.pdf

2) 地田信也，市場一好「都市における交通システム再考」『土木学会誌』（土木学会）2003 年 8 月号，vol. 88，no. 8，pp. 77–80.
https://www.jsce.or.jp/journal/thismonth/200308/square2.pdf

3)「全国の新幹線鉄道網の現状」『令和 4 年版国土交通白書』（国土交通省）（https://www.mlit.go.jp/hakusyo/mlit/r03/hakusho/r04/pdf/np206000.pdf）をもとに作成.

4)「資料 12-2　国際戦略港湾，国際拠点港湾及び重要港湾位置図」『国土交通白書 2021 資料編』（国土交通省）（https://www.mlit.go.jp/hakusyo/mlit/r02/hakusho/r03/data/html/ns012020.html）をもとに作成.

5) 新妻幸雄，他『土木計画（改訂版）』実教出版，1990 年.

6)「ICT（情報通信技術）を活用したコンテナ輸送効率化『CONPAS』（新・港湾情

報システム）について」（国土交通省関東地方整備局）
（https://www.ktr.mlit.go.jp/ktr_content/content/000787310.pdf）記者発表資料
をもとに作成.

7）「資料 13-8　空港分布図」『国土交通白書 2021　資料編』（国土交通省）
（https://www.mlit.go.jp/hakusyo/mlit/r02/hakusho/r03/data/html/
ns013080.html）をもとに作成.

8）水野雄介，小出勝利，浜昌志「中部国際空港の舗装管理における取組み」『建設の
施工企画』（日本建設機械化協会）2008 年 10 月号，第 704 号，pp. 33–37.
https://jcmanet.or.jp/bunken/kikanshi/2008/10/033.pdf

9）「都市交通システム整備事業の拡充」『都市　歴史まちづくり』（国土交通省）.
http://www.mlit.go.jp/crd/rekimachi/pdf/2-5.pdf

10）「特長」『Linimo』（愛知高速交通株式会社）.
http://www.linimo.jp/

11）「超電導リニア技術」（公益財団法人　鉄道総合技術研究所）.
https://www.rtri.or.jp/rd/maglev/

12）「リニア中央新幹線について」（国土交通省）.
https://www.mlit.go.jp/tetudo/tetudo_tk9_000035.html

13）『リニア中央新幹線』（東海旅客鉄道株式会社：JR 東海）.
https://linear-chuo-shinkansen.jr-central.co.jp/

14）『超電導リニア』（東海旅客鉄道株式会社：JR 東海）.
https://linear.jr-central.co.jp/

15）「芳賀・宇都宮 LRT」（宇都宮市）.
https://www.city.utsunomiya.tochigi.jp/kurashi/kotsu/lrt/index.html

16）「LRT の導入支援」（国土交通省）.
http://www.mlit.go.jp/road/sisaku/lrt/lrt_index.html

17）「空港一覧」（国土交通省）.
http://www.mlit.go.jp/koku/15_bf_000310.html

18）「国際拠点空港」（国土交通省）.
http://www.mlit.go.jp/koku/15_bf_000304.html

19）水上純一「技能規定型の新しい空港舗装設計法について」『平成 20 年度　港湾空港
技術講演会』2008 年 10 月 8 日.
http://www.ysk.nilim.go.jp/kakubu/kukou/sisetu/pdf/200810.pdf

20）土木学会編『第4版　土木工学ハンドブック』技報堂出版，1989年.

21）丸安隆和，八十島義之助監修『新編　土木工学ポケットブック』オーム社，1982年.

22）土木学会編『グラフィックス・くらしと土木　[3] 交通』オーム社，1985年.

23）石井一郎『土木工学概論（改訂版）』鹿島出版会，1999年.

24）土木出版企画委員会編修『図説土木用語事典』実教出版，1985年.

25）土木学会誌別冊増刊『人工島』土木学会，1993年10月.

26）佐藤敦久，他『土木計画』コロナ社，1984年，pp. 112–234.

27）今田勝義「首都高速道路の交通管制システム」『道路』（日本道路協会）1991年2月号，pp. 36–40.

28）岸本良孝「総合的な駐車場整備の推進」『道路』（日本道路協会）1989年11月号，pp. 11–17.

29）福本俊明「駐車場案内システム」『道路』（日本道路協会）1991年2月号，pp. 41–46.

30）福田幸司「空港整備の現況と課題」『建設の機械化』（日本建設機械化協会）1989年3月号，pp. 3–8.

31）セメント協会編集部「関西国際空港はいま」『セメント・コンクリート』（セメント協会）1993年5月号，555号，pp. 20–38.

32）運輸省航空局『21世紀を展望した空航整備』航空政策研究会，1993年.

5章

1）「河川データブック2021」（国土交通省）.

https://www.mlit.go.jp/river/toukei_chousa/kasen_db/index.html

2）国立天文台編『理科年表2021』丸善出版，2020年.

3）「日本の河川は急勾配」『防災のための街づくり』（国土交通省）

（https://www.mlit.go.jp/river/basic_info/jigyo_keikaku/saigai/tisiki/bousai/topics/topics1.html）をもとに作成.

4）「資料6-1　治水施設等の整備状況」『国土交通白書2021　資料編』（国土交通省）

（https://www.mlit.go.jp/hakusyo/mlit/r02/hakusho/r03/data/html/ns006010.html）をもとに作成.

5）丸安隆和，八十島義之助監修『新編　土木工学ポケットブック』オーム社，1982年.

■参考文献

6)「宇治川太閤堤跡」『文化遺産オンライン』（文化庁）.

https://bunka.nii.ac.jp/heritages/detail/207453

7)「過去の【史跡宇治川太閤堤跡】発掘調査現地説明会資料」（宇治市歴史まちづくり推進課）.

https://www.city.uji.kyoto.jp/site/bunkazai/1001.html

8) 粟津清蔵『ハンディブック土木　改訂3版』オーム社，2014年.

9) 土木学会編『グラフィックス・くらしと土木　[2] 山と川と海』オーム社，1985年.

10) 石井一郎『土木工学概論 [改訂版]』鹿島出版会，1999年.

11) 岩佐義朗『最新河川工学』森北出版，1979年.

12) 盛岡通，他『水のなんでも小辞典——飲み水から地球の水まで』講談社ブルーバックス，1990年.

13)『改訂新版　建設省河川砂防技術基準（案）同解説　設計編 [I・II]』『調査編』『計画編』山海堂，2008年.

14) 土木学会編『土木工学ハンドブックI・II』技報堂出版，1990年.

15) 高坂文夫『絵とき　入門都市工学』オーム社，2007年.

16) 石井一郎『社会基盤を知る——都市・環境・建設のガイダンス』鹿島出版会，2003年.

17) 建設技術研究所編著『新　川なぜなぜおもしろ読本　〜防災から親水まで〜』ナノオプトニクス・エナジー出版局，2012年.

6章

1) 土木学会編『土木工学ハンドブックI・II』技報堂出版，1990年.

2) 石井一郎『社会基盤を知る——都市・環境・建設のガイダンス』鹿島出版会，2003年.

3) 長澤靖之，他『新　上下水道新なぜなぜおもしろ読本』近代科学社，2011年.

4) 粟津清蔵『ハンディブック土木　改訂2版』オーム社，2002年.

5)「国土交通白書」（国土交通省）.

https://www.mlit.go.jp/statistics/file000004.html

6) 高橋裕，他『社会基盤工学——土木計画と社会基盤整備』実教出版，2011年.

7) 石井一郎『土木工学概論 [改訂版]』鹿島出版会，1999年.

8) 岩佐義朗『最新河川工学』森北出版，1979年.

9）国立天文台編『理科年表 2021』丸善出版，2020 年．

10）土木出版企画委員会編修『図説土木用語事典』実教出版，1985 年．

11）盛岡通，他『水のなんでも小辞典——飲み水から地球の水まで』講談社ブルーバックス，1990 年．

12）『改訂新版　建設省河川砂防技術基準（案）同解説　設計編［I・II］』『調査編』『計画編』山海堂，2008 年．

13）高坂文夫『絵とき　入門都市工学』オーム社，2007 年．

7 章

1）「都市公園の種類」『公園とみどり』（国土交通省）．

（https://www.mlit.go.jp/crd/park/shisaku/p_toshi/syurui/index.html）をもとに作成．

2）「都市計画法」（e-Gov 法令検索）．

https://elaws.e-gov.go.jp/document?lawid=343AC0000000100

3）「建築基準法」（e-Gov 法令検索）．

https://elaws.e-gov.go.jp/document?lawid=325AC0000000201

4）都市計画協会編『コンパクトなまちづくり——改正まちづくり三法による都市構造改革』ぎょうせい，2007 年．

5）都市計画用語研究会編著『都市計画用語事典』ぎょうせい，1993 年．

6）樋口秀「地方都市における中心市街地とその周辺部の駐車場問題」『都市計画』（日本都市計画学会）2011 年，vol. 60，no. 1，pp. 37–40．

7）日本公園緑地協会『公園緑地マニュアル』．

8）高木任之『都市計画法を読みこなすコツ』学芸出版社，2001 年，pp. 14–30．

9）第 30 回都市計画セミナー「人口減少時代の都市計画」日本都市計画学会．

10）大阪市交通局『大阪市交通事業の概要』大阪市交通局，1991 年．

11）「都市計画のあらまし」（東京都都市計画局）．

https://www.toshiseibi.metro.tokyo.lg.jp/keikaku_chousa_singikai/toshi_keikaku.html

12）京都市都市計画局『京都市の都市計画』京都市都市計画局，1991 年．

13）吉野正治『市民のためのまちづくり入門』学芸出版社，1999 年．

14）日本政策投資銀行地域企画チーム『中心市街地活性化のポイント——まちの再生に向けた 26 事例の工夫』ぎょうせい，2002 年，pp. 1–18．

15) 玉川英則，他『コンパクトシティ再考——理論的検証から都市像の探求へ』学芸出版社，2008 年，pp. 161–164.

16) 黒崎羊二，他『密集市街地のまちづくり——まちの明日を編集する』学芸出版社，2002 年，pp. 83–88, 240–252.

17) 山中英生，他『まちづくりのための交通戦略——パッケージ・アプローチのすすめ』学芸出版社，2010 年，pp. 176–188.

18) 岡崎篤行「景観づくりにおける住民参加と市民活動」『造景』（建築資料研究社）1997 年 12 月号，pp. 126–130.

19)『京都の古都保存について』京都市，1991 年.

20)『倉敷の町並み』倉敷市教育委員会文化課，1979 年.

21) 小林芳夫「沿道と調和した道路景観の創造」『道路』（日本道路協会）1989 年 10 月号，pp. 3–6.

22) 中野恒明「沿道からの景観整備手法とその体系」『道路』（日本道路協会）1989 年 10 月号，pp. 7–11.

23) 井上靖武「沿道と調和した道路景観整備を推進するために」『道路』（日本道路協会）1989 年 10 月号，pp. 57–64.

24) 一杉喜朗「都市景観形成モデル事業と街路景観整備」『道路』（日本道路協会）1983 年 5 月号，pp. 40–43.

8 章

1) レイチェル・カーソン『沈黙の春』新潮社，2001 年（原作発表 1962 年，アメリカ）.

2) 嘉門雅史「廃棄物処理と環境地盤工学」『土木学会高校土木教育研究委員会会報』no. 19.

3) くらしのリサーチセンター編『エネルギー読本』くらしのリサーチセンター，1997 年，pp. 16–65.

4) 国生剛治「エネルギー高効率利用社会と土木技術」『土木学会誌』（土木学会）1989 年，vol. 74, pp. 47–48.

5) 中上英俊「生活とエネルギー」『道路』（日本道路協会）1991 年 3 月号，pp. 3–7.

6) 3R 低炭素社会検定実行委員会：『3R 低炭素社会検定　公式テキスト——持続可能な社会をめざして』ミネルヴァ書房，2010 年，pp. 334–335.

7) 国土交通省都市局市街地整備課「まちづくりと一体となったエネルギー面的利用の

推進について」『新都市』（都市計画協会）2012 年 11 月号，pp. 5–8.

8）高橋裕「自然としての河川の景観」『河川工学』東京大学出版会，2002 年，
pp. 266–271.

9）中村稔「建設進む長良川河口堰」『土木技術』（土木技術社）1993 年 1 月号，
pp. 38–46.

10）古賀晴成「地球温暖化に伴う海面上昇の実態と予測」『土木学会誌』（土木学会）1990
年，vol. 75，pp. 15–17.

11）溝口宏樹「木曽三川上流の多自然型川づくり」『土木施工』（山海堂）1995 年 7 月
号，pp. 49–55.

12）「環境白書」（環境省）.
https://www.env.go.jp/policy/hakusyo/

13）柴田徹「地球温暖化と災害」『土木学会誌』（土木学会）1989 年 6 月号，vol. 74，
no. 7（別冊増刊），pp. 1–3.

14）吉野正敏，山下脩二編「都市活動と環境問題」『都市環境事典』朝倉書店，1998 年，
pp. 254–291.

15）丹保憲仁，斉藤二郎，近藤秀樹，河野伊一郎「環境対策技術」『土木学会誌』（土木
学会）1986 年，vol. 71，pp. 15–23.

16）小林康彦「今，ごみ問題とは」『土木学会誌』（土木学会）1991 年，vol. 76，
pp. 34–37.

17）難波和聡「自然再生の取組みについて」『土と基礎』（土質工学会）2007 年 7 月号，
pp. 1–3.

18）「建設副産物のリサイクル運動」『建設業しんこう』（建設業振興基金）1993 年，
no. 216，pp. 2–13.

19）土屋進「再資源の利用促進について」『道路』（日本道路協会）1991 年，pp. 39–43.

9 章

1）「防災白書」（内閣府）.
https://www.bousai.go.jp/kaigirep/hakusho/index.html

2）西井久和，五十嵐晃「来るべき巨大地震への備えは？」『土木学会誌』（土木学会）
2005 年 1 月号，vol. 90，no. 1，pp. 39–41.

3）河田惠昭『これからの防災・減災がわかる本』岩波ジュニア新書，2008 年，
pp. 135–142.

4）清水一郎，馬渡五郎「わが国の震災対策」『セメント・コンクリート』（セメント協会）1983 年，vol. 439，pp. 2–9.

5）川越昭，他「防災への提言」『土木施工』（山海堂）1983 年，vol. 24，no. 14，pp. 13–25.

6）末次忠司「河道・流域特性から見た水害被害ポテンシャルの予測と事前対応」『河川』（日本河川協会），2012 年，pp. 71–74.

7）土岐祥介，他「1993 年北海道南西沖地震における被害の概要」『土と基礎』（土質工学会）1993 年 11 月号，vol. 41，no. 430，pp. 5–10.

8）菅野俊吾「豊かな海辺を守るために」『河川』（日本河川協会），1999 年，pp. 55–57.

9）寺村省吾，他「東南海・南海地震による被害の軽減に関する研究」『日本建築学会大会学術講演会梗概集』（日本建築学会）2004 年，pp. 375–376.

10）首藤伸夫，他「津波対策」『津波の事典』朝倉書店，2008 年，pp. 277–307.

11）萩原幸男編「気象災害」「土砂災害」『災害の事典』朝倉書店，1992 年，pp. 89–114，179–227.

12）川崎一朗「海溝型地震の長期評価と被害想定」『災害社会』京都大学学術出版会，2009 年，pp. 29–60, 197–205.

13）真鍋政彦「南海トラフ連動地震『M9』想定の波紋」『日経コンストラクション』（日経 BP）2012 年 4 月号.

14）尾池和夫『新版 活動期に入った地震列島』岩波書店，2007 年，pp. 1–13, 113–126.

15）梶秀樹，和泉潤，山本佳世子，他『東日本大震災の復旧・復興への提言』技報堂出版，2012 年，pp. 51–62.

索　引

253

〈監修者略歴〉

粟津清蔵（あわづ せいぞう）
1944 年 日本大学工学部卒業
1958 年 工学博士
日本大学名誉教授

〈著者略歴〉

宮田隆弘（みやた たかひろ）
1956 年 日本大学工学部卒業
元高知県立高知工業高等学校校長
前高知県建設短期大学校校長
技術士（建設部門）
工学博士

渡辺 淳（わたなべ じゅん）
1961 年 徳島大学工学部卒業
株式会社香川設計センター
技術士（建設部門）

岡 武久（おか たけひさ）
1985 年 摂南大学工学部卒業
現 在 京都市立伏見工業高等学校教諭

琢磨雅人（たくま まさと）
1990 年 徳島大学大学院修士課程修了
現 在 香川県立高松南高等学校教頭

藤田昌士（ふじた まさし）
1997 年 日本大学経済学部卒業
現 在 香川県立多度津高等学校教諭

- 本書の内容に関する質問は，オーム社ホームページの「サポート」から，「お問合せ」の「書籍に関するお問合せ」をご参照いただくか，または書状にてオーム社編集局宛にお願いします．お受けできる質問は本書で紹介した内容に限らせていただきます．なお，電話での質問にはお答えできませんので，あらかじめご了承ください．
- 万一，落丁・乱丁の場合は，送料当社負担でお取替えいたします．当社販売課宛にお送りください．
- 本書の一部の複写複製を希望される場合は，本書扉裏を参照してください．

JCOPY ＜出版者著作権管理機構 委託出版物＞

絵とき 土木計画（改訂3版）

1995 年 2 月 15 日	第 1 版第 1 刷発行
2013 年 7 月 20 日	改訂 2 版第 1 刷発行
2022 年 10 月 25 日	改訂 3 版第 1 刷発行

著 者 宮田隆弘・渡辺 淳・岡 武久
琢磨雅人・藤田昌士
発 行 者 村上和夫
発 行 所 株式会社 オーム社
郵便番号 101-8460
東京都千代田区神田錦町 3-1
電話 03（3233）0641（代表）
URL https://www.ohmsha.co.jp/

© 宮田隆弘・渡辺 淳・岡 武久・琢磨雅人・藤田昌士 2022

印刷 中央印刷 製本 牧製本印刷
ISBN978-4-274-22957-2 Printed in Japan

本書の感想募集 https://www.ohmsha.co.jp/kansou/

本書をお読みになった感想を上記サイトまでお寄せください．
お寄せいただいた方には，抽選でプレゼントを差し上げます．